U0010576

10分鐘
貓咪訓練

米立恩‧費歐德－拜比諾———著
（Miriam Fields-Babineau）

黑熊———譯

晨星出版

作者在此特別感謝以下照片提供者，在豐富本書的內容上，給予了莫大的幫助：

翠爾・答曼（Tria Thalman）P.113，甘迪達・M・湯瑪西尼（Candida M. Tómassini）P.128。其餘照片全數由艾芬・寇恩（Evan Cohen）提供。本書版型感謝甘迪達・莫雷拉・湯瑪西尼（Candida Moreira Tómassini）設計製作。

Note：

為求本書文字精簡近人，在提及貓咪或幼貓時，一律使用「他」，除非碰到需要特別標註貓咪公母的狀況。

目錄

前言 5

Chapter 1　貓咪也喜歡訓練 9

Chapter 2　來我這裡，小貓咪 25

Chapter 3　坐一下 33

Chapter 4　動起來 41

Chapter 5　等待 55

Chapter 6　趴下等待 63

Chapter 7　我們散步去 71

Chapter 8　沖水馬桶 81

Chapter 9　貓咪的問題行為 107

Chapter 10　與我們共同生活的貓咪 115

Chapter 11　貓咪明星與他們的訓練師 125

附錄
　貓咪也能看懂的手勢語言 155

致謝

給世界上最棒的貓咪，戴維‧克羅克特（Davy Crockett）。

我也要同時感謝理‧弗達克（Thea Verdak）與多洛雷斯‧克勞德（Dolores Claud），感謝他們在貓咪救援，以及給予本書非常大力的支持。他們是我見過最有大愛的人。

前言

美國有超過六千萬隻的貓咪，還有其他數以百萬計的貓咪被作為寵物，或是在世界的一隅流浪著。人類不停地尋求更加了解這些貓咪科動物，以及與他們共同生活的方法。住在水泥森林裡，而且長時間工作的人們，希望能有貓咪作伴的渴望勝過狗狗。貓族們不用每天帶出門溜達，即使單獨留在家裡一兩天也沒問題，而且還不需要特別帶到戶外為他們安排適當的運動。總而言之，貓咪比起狗狗來，更像是可以「隨便養，隨便大」的寵物，以至於大多數的飼主，根本不曾好好地了解貓咪科動物的習性與行為，導致每年都有數以百萬隻的喵星人，因為問題行為而遭到不幸。

　　很多人都不相信貓咪是可以進行訓練的寵物，你是不是也同這些人一樣呢？若你的答案也同樣是不相信，那你八成是養貓新手，甚至根本沒有接觸過貓咪。任何曾經飼養過貓咪的飼主都很清楚，他們的小貓咪能被訓練得多麼優秀。不只如此，這些飼主還會驚訝於貓咪在日常生活習慣的學習表現上，展現出多麼令人驚訝的能力，例如開飯時間是幾點鐘，或是如何優雅漫步到房間內，再縱身一跳到某人的大腿上來獲得注意，這種智慧，應該不能單單使用一句天性使然就打發掉吧！貓咪會學習你的日常模式，並給予反應回饋。一隻貓咪會在聽到貓咪罐頭打開的聲音時，向著開罐者奔跑而來，這是因為貓咪學習到，開罐頭的聲音會帶來食物等「好康」。貓咪也會在家門前等待，在門被打開的同時，以迅雷不及掩耳的速度，閃過障礙物衝出來，快到沒有人能即時反應並攔截他，因為貓咪學習到，這樣做能為自己帶來自由以及待在屋子裡無法感受到的冒險行程。

　　本書，《十分鐘貓咪訓練》將會引領你，也就是每一位忙碌的貓咪飼主，克服貓咪的問題行為，與你的愛貓溝通無礙，同時帶來一些可以讓你和心愛的貓咪一起進行的小遊戲。每天只要十分鐘，你的貓咪就能學會大量的正向行為，同時讓他不再虛度光陰，並且讓你，也就是貓咪的人類夥伴，與愛貓之間的關係愈來愈親密。

　　貓咪不只能學會在聽到你的叫喚時朝你走過來，以及幫他繫上牽繩四處溜達，他們還能在很多種類的治療行為上提供幫助。貓咪們能幫助老人、身體虛弱或是生病的人，改善他們的情緒與感受，帶來更多積極面的影響。不說你可能不知道，抱住一隻呼嚕呼嚕的貓咪能為你帶來很多好處。聽著呼嚕呼嚕的聲音，就像是抱著並緊緊依偎一隻

毛茸茸的小野獸一樣，令人放鬆且快樂。貓咪也能在人們遇到晴天霹靂的消息時，成為支持的力量，引導人們迎向光明的一面，幫助人們面對各種身心靈的挑戰。

貓咪也時常被訓練在電視、電影與廣告上表演。有任何人的眼光能從貓咪令人驚豔的表演秀上移開嗎？在本書中，我們將會介紹幾位知名的貓咪演員訓練師，這幾位都是專門訓練貓咪在電影、廣告與實境秀表演的達人。

《十分鐘貓咪訓練》將指導你，如何讓愛貓成為你生命中不可或缺的一部分。你的愛貓即將脫胎換骨，再也不是只會在和煦陽光下睡上一整天的代名詞，或是缺少運動的橫向發展動物。你的愛貓將會開始對生命中的各種事物充滿期待、四處熟悉生活環境，並且愛上每一個有你在身邊陪伴的日子。一隻接受過訓練的貓咪，每天都會十分期待自己專屬的訓練課程，甚至會自發性地要求訓練課程。能看到心愛的小貓咪主動在門邊迎接你，而不用四處尋找在某處睡到忘我的貓咪，這種感覺不是很棒嗎？

現在就一起來學習與愛貓溝通的方式，並且享受其帶來的樂趣。

真的，每天只要十分鐘！

貓咪也喜歡訓練

貓咪會將四隻腳騰在空中，用背部在地上滾動，還會在陽光的照射下盡情伸展。在你疼愛並依偎著愛貓時，他們會在你的臂彎中呼嚕呼嚕。他們會在籬笆的陰影中潛行，然後使出電光一閃的速度，猛烈撲擊完全來不及反應的小型獵物。貓咪本身就是讓人感到又愛又神祕的小動物。大多數的貓咪飼主都認為自己的愛貓非常獨立。雖說能激起貓咪玩性的事物，能驅使他們表現出強大的狩獵本能，而且這種本能十分優秀。但是很遺憾，要藉此證明貓咪是能自己照顧自己的動物，還遠遠不夠。

養在家裡當寵物的貓咪，跟你腦海中想像的很不一樣。很少有動物能接受孤單、沒有人類或其他動物可以互動的獨居生活。一般來說，若是讓貓咪長期處在孤獨的環境下，容易發展出精神方面的疾病，並轉化為各種問題行為表現出來，像是亂抓家具、挖盆栽植物、在吃飯的飼料碗附近晃來晃去等。你家裡的貓咪可不是美洲獅或獵豹，他們不喜歡單獨在家，更不喜歡整天閒閒沒事做，虛度光陰。

貓咪需要激勵鼓舞

你可知道，你的愛貓想跟你一起創造更多的生活樂趣，勝過在有溫暖陽光照射的窗邊打盹？家貓就跟其他被馴化的居家寵物一樣，可以無償得到食物、溫暖的住所以及醫療照護。野生動物可不一樣，他們需要花費大量心力，一步一腳印地努力付出，才能確保食物以及可以遮風擋雨的休息處所，來照顧一家老小與保衛領地。即使家貓跟獅子或老虎分類在不同的物種之下，但是這樣的自然天性，早就被深深地刻劃進家貓的基因裡面，從來沒有被遺忘，貓咪的自然天性不但活躍，而且需要被滿足。

> ### 日常訓練
>
> 一旦通過訓練開啟了貓咪的心智能力，有可能會幫你製造出一個「小壞蛋」，這個小壞蛋會不停地騷擾你，直到你開始進行他的日常訓練為止。若是你沒有認真地和他一起進行訓練，那他就不會得到滿足。請善加利用訓練的時間，作為和愛貓互動的機會。

怎樣的貓咪才快樂呢？是茶來張手、飯來張口的貓咪呢？還是揮灑著汗水，以付出換取回報的貓咪呢？哪一種貓咪的心理狀況會比較健康呢？

答案應該很明顯……絕對是為了生活而努力付出的貓咪。

貓咪和你我之間，其實並沒有什麼不同，我們都會為了生活而努力，讓我們的人生成長，維持一份穩定的工作，享受揮灑汗水的運動。我們都會為這些事情而努力，同時也會充滿期待。

貓咪需要一些日常活動

貓咪沒有演化出文明的社會樣式，數百萬年來，喵星人的生活總是依賴著他們的天性與狩獵本能，所以當電視兒童從來就不在他們的

選擇之中，走出戶外踢踢球也從來不在他們的既定行程中。他們真的想要的是獵捕小老鼠或鳥類，他們會劃定自己的領地、尋找配偶、在下一次獵捕前維護保養自己的皮毛與利爪。貓咪需要每天找點事情來做。

貓咪需要找點事情來做

再問一次，哪一種貓咪最健康快樂呢？是每天都要為了生存努力付出，還是一隻什麼事情都有人幫他準備妥當的貓咪呢？答案應該很明顯，當然是每天都有事情可以做的貓咪囉！貓咪需要善加利

你的愛貓會很樂意將你的抱抱視為他的獎勵。

用他們的腦力、體力與本性，而且喵星人表現出的聰明才智與學習能力，遠遠超乎我們的想像，只是我們都自以為貓咪是極端孤傲有個性的動物，根本就不可能理會人類的教導而作罷。

有事可做的貓咪絕對是健康、快樂的。訓練你的貓咪，相當於是給予他一個機會，證明自己的聰明才智與行為能力，擴大你與他之間的視野。你的想像力有多豐富，愛貓的智力發展程度就能達到多高。

大多數的家貓都是怎麼打發一整天的時間呢？他們可不是只有睡覺而已，他們會試著自己找些樂子來消磨時間，像是在垃圾堆中打獵、威脅倉鼠室友、追捕狗狗的尾巴、把家中的盆栽挖出來等等，這些人類眼

中的「問題行為」，其實對貓咪來說，都是基於天性所轉化而來的「正常行為」。威脅倉鼠室友、幫飼主「整理」垃圾等，是狩獵食物的天性；追捕狗狗的尾巴等，是對於領域的控制慾；幫忙「照顧」家中的盆栽，是為了掩蓋排泄物與標記領地。

訓練你的愛貓，能改善你們之間的相處關係。

　　所以每一次貓奴回到家時，辛勤的貓咪已經被以上這些繁重的工作耗光了精力，以至於貓奴們總是看到貓咪睡倒在有和煦陽光照射的窗檯上，自然而然就誤會貓咪是慵懶的動物了。

讓你的貓咪有事可做

　　貓咪從未學習過如何克制他們的天性，也沒有習慣被馴養的生活。貓咪的侵略性格可以從他們抓家具的行為來證明。大多數的貓咪會以這樣的方式，或是其他方法來表現出支配性，這也成為他們被送進收容所的主要原因，以至於每年都有數以百萬計的貓咪橫遭不幸。事實上，只要飼主們多做些功課，根本就不用走到這最糟糕的地步，因為即使是再桀驁不馴的野貓，也能學會與適應在新環境生活的「規矩」，雖然可能要花費很多的時間，但是絕對值得。只要你願意開始訓練你的貓咪，你們的生活將會充滿和諧與樂趣，壓根就不會產生想要將他送進收容所的念頭。

　　每隻貓咪都應該有發展自己心智的機會。一隻每天都充滿期待、有學習的機會、能培養自己的智慧、並能與他的人類同伴溝通交流的

貓咪，絕對是快樂且適應性高的貓咪。你也一定會因為身邊有一隻藉由訓練而變得社會化、舉止優雅的貓咪而開心。快樂與充滿愛意的生活，會讓愛貓在你回家時，主動出來迎接你。他會緊緊地跟隨著你的腳步，從一個房間跟到另一個房間，他也不會有破壞的行為表現，因為你教導過他在家裡不能到處搞破壞，所以他知道。

你的愛貓將成為親善且十分適合陪伴你的伴侶寵物。

所以為什麼不現在就開始訓練課程呢？每天就只要十分鐘喔！

訓練須知

跟其他動物一樣，在貓咪年紀愈小的時候開始訓練課程，長遠來看，其學習力與訓練的成果都相對比成貓咪優秀，但這並不代表成貓咪就不適合訓練！我經常接到各種年齡層的貓咪訓練委託，從兩歲到九歲都有，也成功教會這些貓咪許多的行為訓練課程。不過，為了預防問題行為的產生、盡早讓愛貓習慣家中其他的寵物成員，以及為了將來有機會成為貓咪醫生或貓咪演員等等，訓練課程最好還是在愛貓尚處於幼貓時期時開始進行。幼貓對於他們周遭環境的變化，比起已經長時間習慣固定生活模式的成貓來說，可塑性相對提高不少。

貓咪們
也喜歡互動。

有些貓咪很喜歡把食物當作獎勵品，
例如飼料、罐頭或是鮪魚。

　　幼貓對於新環境與新成員的恐懼感不像高齡貓咪那麼重，所以請將訓練課程融入貓咪的生活之中，若能成為愛貓的樂趣更好。訓練課程的安排，要視為日常作息的一環，如果只是兩天打魚、三天曬網，那真的十分可惜。貓咪也需要一份正職工作，就如同我們那些狗屁倒灶的工作一樣。既然你這麼努力地用工作，換取給予家人與寵物的食物與遮風擋雨的住所，那何妨把訓練帶來的樂趣，當作是寵物給予你的感謝呢？還能使貓咪更加快樂和健康，一石二鳥。

　　開始訓練的最佳時機點是幼貓斷奶，並且可以離開他的兄弟姊妹之後。最剛開始進行貓咪訓練時，請務必確保貓咪的周遭，沒有其他動物成員會使他分心，幫他安排一間安靜的小房間是不錯的方法，並確保每天都能有至少十分鐘以上的專心時間。訓練的時間點可以安排在貓咪的用餐時間進行，讓貓咪必須為了食物而「工作」，這樣能給予貓咪更多的行動力。未諳世事的幼貓比較好打發，單純給予食物或玩具就能讓他工作得很開心。

創造動機

若你要訓練的對象是已經有點年紀的貓咪，最難的挑戰莫過於要如何找到能「驅使」貓咪行動的動機。你可能要嘗試各式各樣的零食，像是冷凍過的肝臟肉塊、貓咪罐頭，或是大量嘗試各種可能有效果的商業貓食。若是貓咪對這些商業貓食都興趣缺缺的話，還可以嘗試看看烹煮雞肉或鮪魚。有些貓咪可能被餵得挑嘴了，以至於他們對任何一種零食都提不起勁，那就必須要改用玩具作為突破口，讓好玩的玩具成為驅使貓咪行動的契機。滿多貓咪喜歡毛茸茸的老鼠玩具或內藏貓薄荷的玩具球，像我有一隻貓咪就特別鍾愛捲髮夾。請不斷嘗試找出貓咪的愛好，不然你永遠不會知道有哪些東西能激發出貓咪的興趣。

只有很少數的貓咪會完全依賴他們的鼻子做為行動的依據，所以想要找到足以驅使貓咪行動的食物其實是很大的挑戰，但貓咪並非完全不能使用食物來進行訓練，只不過你的心態必須比愛貓更為堅定才行。你的貓咪可能需要更為強硬的刺激方法，像是剝奪他的食物一兩天，雖然有點殘忍，但是不需要太過擔心，因為貓科動物在野外過的就是有一餐，沒一餐的生活。每天都要餵食的觀念，其實是我們自行加諸在家貓身上的習慣。一隻餓肚子的貓咪，將會有更多工作與學習的動力。

讓食物成為獎勵

當貓咪一整天都沒有吃過東西之後，就可以開始用他平常吃慣的飼料著手進行訓練。從你的手中或使用訓練棒上的湯匙將飼料提供給貓咪，當貓咪開始吃飼料時，請同時用誇張高亢的語氣，給予貓咪例如「好乖喔！」之類的口頭獎勵，你也可以使用響片的聲音來跟貓咪的行為做連

善用食物進行訓練

你的貓咪在肚子餓的時候，會特別願意用表現換取美食，在放飯的同時進行訓練，你的貓咪就會為了爭取更多食物而努力表現，就像在野外生活一樣，自己努力得來的飯比較香，也會讓他更加快樂與滿足。如果你一天固定餵食兩次，每次餵食前，請至少撥出五分鐘的時間訓練一下你的貓咪。

結。這種連結工具（響片或誇獎的聲音）能夠強化貓咪對正確行為的認知。整個操作的流程是：你下了一個指令引導貓咪遵照你的指令行動，然後貓咪成功完成了你的指令，於是你將貓咪飼料作為獎勵品給他。套入前文的例子則是，當你的貓咪從你的手中吃飼料時，你就給予他誇獎與獎勵品。貓咪很快就會學到，只要靠近你就會有「好事情發生」，將你和他可以「吃到好料」這件事情劃上等號。很快地，你和愛貓會愛上這個關於「吃好料」的訓練課程，當他聽到你的讚美與微笑時，就會開始流口水和發出討好似地呼嚕呼嚕。

用愛貓對你的熱切期盼當作一天的開始，多美妙啊！

貓咪大概只要花上幾天的時間就能學會兩三種新的「把戲」，而且每天就只要十分鐘。然而，隨著愛貓的行為訓練課程不斷進步，他的注意力也會有顯著的提升，有些貓咪一次訓練的時間甚至能夠超過四十五分鐘以上。若是貓咪可以接受長時間的訓練，請務必使用普通，甚至是低卡路里的食物作為訓練的獎勵，避免貓咪的體重超標。

假如你的時間很有限，也請儘量固定安排十分鐘的課程訓練，或是每天把時間分拆成幾個零碎的時間點進行訓練。如果你每天都會固定餵食貓咪兩次，那就可以在每次餵食前進行訓練；即使你每天只餵食一次，也請試著在早上先做五分鐘的訓練課程，晚上回家後再訓練一次。

訓練工具

在開始訓練你的貓咪之前，你需要事先準備一些特別的工具與技巧。為了使整個訓練過程更加簡單有趣，請務必在開始訓練之前先行準備到位。

零食袋——你會需要一個方便放置獎勵零食的地方，這邊推薦霹靂腰包，這種可以繫在腰上的小包包，能幫助你的訓練過程更加順遂。在一般的寵物店應該都能找到訓練用的零食袋，通常這種袋子還會附有掛勾，方便你固定在皮帶或口袋上使用。

訓練工具包含：獎勵食物、響片、訓練棒與零食袋。

響片——響片是非常受歡迎的訓練工具，在寵物店都能找到體積小巧的塑膠製響片。按壓響片的聲音會吸引貓咪的注意力，讓他將焦點放在你的身上。

訓練棒——訓練棒能用來指引愛貓的目光，將其移動到你希望他注意的物品上。

訓練餵食器——有些貓咪在得到獎勵零食時，會表現得比較激動，你的手指可能會被還沒學會如何正確從你手上取得食物的貓咪咬傷或抓傷。這種時候，就讓訓練餵食器來協助你吧！而且有訓練餵食器的幫忙，即使你是用罐頭或鮪魚這種食物當作訓練用的獎勵品也沒問題。

你可以用茶匙與約四分之一英吋寬、兩英呎長的細桿子來製作專

當訓練餵食器指向貓咪時，請將你大拇指的位置隨時保持在響片上。

專屬魔杖

魔杖，指的是結合了響片、目標指引與提供零食等功能的訓練棒。可以參考以下的步驟自行動手製作：

準備一支寬約半英吋（1英吋約2.54公分），長約兩英呎（1英呎約30.5公分）的桿子，並將響片安裝在其中一端（請確定是安裝在桿子的邊緣，並檢查響片在按壓時是否會受到阻礙）。接著準備一支可以拗的金屬湯匙，拗彎湯匙，讓杓面與握柄成90度，然後將握柄固定在桿子的另外一端。這樣，你專屬的訓練棒就完成了。

屬的訓練餵食器（若是你找不到細桿子，也可以直接拿老舊不用的木製攪拌杓代替）。若是你喜歡使用響片來訓練你的貓咪，也可以將響片與訓練餵食器結合在一起，只要將湯匙固定在長桿的一端，把響片固定在另一端即可。固定時要特別注意一下，當你握住尾端的響片時，這時湯匙的杓面位置應該要面向上方。

訓練餵食器可以讓你使用單手將獎勵品提供給貓咪，同時空出的另一隻手就能做出視覺型的指令動作，讓愛貓將獎勵與指令聯想在一起。訓練餵食器也能在愛貓進行新的行為訓練時，用來幫助指引目標，因為貓咪會聞到或（也可能同時）看到訓練餵食器上的食物，並跟著食物走。

溝通指令——貓咪會注意人類夥伴發出的聲音與視覺信號，因為貓咪跟我們人類一樣，也會使用聲音與肢體語言進行溝通互動。只要保持一致性，並配合口語指令的運用，你的貓咪就能學會任何一種手勢指令。甚至到最後，單單做出口語指令或手勢指令，就能讓貓咪了解你的想法，完成你的指令。這個訓練不會花太多時間，因為貓咪是超級聰明的優等生。

響片訓練

響片是用來進行操作制約的一種道具，在長方形的塑膠盒子裡藏有一塊金屬簧片，只要我們按壓響片讓金屬簧片彎曲，接著放手讓簧片釋

放壓力回復到原本的形狀時，就會發出喀噠聲響。

請確認你握持響片的姿勢是否正確。

響片發出的聲音可以成為指令與獎勵之間的連接工具，這個連接工具的功能是用來讓貓咪了解他遵照指令做出的行為是否正確。一旦貓咪將響片的聲音與「有好事情會發生（獎勵）」劃上等號，從此以後就會愛上響片發出的聲響。

現在，我們可以來嘗試看看最基本的響片訓練。請在你的愛貓身邊按壓響片，並在貓咪聽到響片的聲音後，立刻給予獎勵。請持續這個行為模式，直到貓咪聽到響片的聲音就知道「有好事情會發生（獎勵）」。往後每一個響片訓練都可以按照這個模式進行，你可以下指令要貓咪過來坐下，然後按壓響片發出聲音，接著提供獎勵給他。

解讀貓咪的行為

解讀愛貓與生俱來的行為語言，對人類來說是非常實用的知識，所以這個章節，我會花一些篇幅，跟你介紹與教你辨識幾種貓咪特定的情緒。就跟人類一樣，貓咪也是喜怒無常的動物，所以學習如何辨識你的貓咪表現出來的行為訊號，是訓練課程成功與否的重要關鍵。

憤怒──貓咪的耳朵會翻下成飛機耳，大力甩動尾巴。身體的毛會沿著脊椎炸開豎起，但是大多數情況下，貓咪的這種行為是用來虛張聲勢，讓自己的體型看起來更大，以威嚇對手的障眼法。有些貓咪憤怒的指數爆表時，還會發出嘶嘶聲（哈氣聲）。更有些貓咪會揮出「貓

拳」，痛擊讓他們憤怒的事物。

恐懼——貓咪的背部會拱起來，整身毛完全炸開，尾巴也會直立豎起。眼睛會睜大並凝視讓他恐懼的事物，鬍鬚僵直，一般會發出嘶嘶聲（哈氣聲）或咕嚕嚕的喉音。害怕的貓咪通常會將身體撐起或是倚靠在堅固穩重的物體旁邊。

一隻平靜的貓咪，會閉上眼睛並側身躺下，露出一臉愜意滿足的樣子！

壓力——貓咪會伏低姿態與喘氣，而且會積極地尋找灰暗的封閉空間躲藏，不然就是躲藏起來不出來。一隻處在極度壓力狀態下的貓咪，可能會有出爪撲抓或啃咬的攻擊傾向。

平靜——平靜安逸的貓咪會瞇起眼睛。他可能會用尾巴摩擦你，或是微微擺動尾巴。貓咪身體的毛流平整滑順。當貓咪趴下時，可能會將手手壓在身體下方，或是躺下時，讓手腳自然擺放在身體旁邊。滿多貓咪會用背部在地上翻滾，將四肢盡情伸展，然後做出洗洗頭和洗洗臉的動作。

滿足——一隻快樂的貓咪會做出幼貓的行為表現，像是發出呼嚕呼嚕的聲音、做出捏捏揉揉的動作、四處磨蹭等等。有些貓咪很喜愛擁抱他們的人類奴才，做出如同在幼貓咪時期時，與他們的母親和兄弟姐妹之間的相處行為。一隻快樂、每天都過得很充實的貓咪，會發出呼嚕呼嚕的聲音，還會滴口水，更會在你身上磨蹭。他們會自信滿滿地舉起尾巴，饒有興致地觀察你。他們的眼睛在極度放鬆的狀態下會瞇到看不見眼珠，但只要一開始訓練，眼睛瞬間就會恢復炯炯有神。很多貓咪都會特別享受訓練課程的過程，所以在進行訓練的時候，不時會聽到他們發出呼嚕呼嚕的聲音或看到他們不自覺地滴下口水。

解讀貓咪的聲音

　　貓咪也是很多話的，特別是某些東方品種的貓咪，例如暹羅貓或緬甸貓。波斯貓就比較文靜，應該是所有貓咪品種裡最安靜的。而中長毛的貓咪品種，例如緬因貓、布偶貓、伯曼貓、挪威森林貓等，則介於兩者之間，展現出獨特的氣質。

　　貓咪有三種不同的聲音表現，即使是我們這些非貓族的人類，也能輕易解讀其中的含意。第一種是呼嚕呼嚕，當然我們都知道這是快樂的聲音，但是有些貓咪在緊張時也會發出呼嚕呼嚕聲。至於喵喵聲的解讀就有點難度了，對某些東方品種來說，他們的喵喵聲有索求的含意，至於其他品種的短促喵喵聲，可能也代表著索求，只是沒那麼響亮。在一般的情況下，拉長音的喵喵聲可能代表貓咪現在的心情很煩燥、不舒服，甚至是很害怕；比較短且溫柔的喵喵聲代表貓咪現在很滿足；大聲但短促的喵喵聲，代表貓咪想要同伴陪伴，或是正在試著尋找某人；最後，充滿敵意的貓咪會發出大聲的嚎叫，可能還會伴隨嘶嘶聲（哈氣聲）或咕嚕嚕的喉音，以咆嘯聲爭吵。

　　了解貓咪的溝通方式，可以幫助你調整訓練的時間。一般來說，在早上貓咪準備好要迎接他的第一頓早餐的時候，通常也是他最願意表現的時間點。你會看到愛貓充滿朝氣且自在，這代表他已經準備好接收你的任何指令了，這個樣貌也可能也會在你長時間外出（一般的工作時數）返家時看到，他會迎接你的歸來，並希望你給他來點訓練課程。如果你已經開始著手進行愛貓的訓練課程，卻在愛貓長時間看不到你之後，吝嗇於撥出一點點時間，用訓練給予愛貓回應，那我只能祝福你在往後的日子，能無憂無慮無血光之災。像我的話，只要我的愛貓有所要求，即

使我在樓梯上，或是正在屋子裡走動，都會儘量滿足他們想要「用功一下」的慾望，因為我知道，這隻有著十六磅重的肌肉的喵星人，是不容被忽視的。

基本的訓練原則

訓練規劃要有一貫性，每一個指令都要有專屬的口令或手勢動作，不能任意更換。你必須設定一組口令作為提供貓咪獎勵品時使用，還要另外針對不同的行為訓練設定專屬的口令。獎勵品的口語指令可以和響片發出的聲音做結合，因為有些貓咪喜歡口語指令勝過響片的聲音，甚至有些貓咪知道口語指令和響片聲音代表有「好料」可以吃，會對其充滿期待。你的樂趣，同時也是他們的樂趣。

請記得，誇獎的話語要用開心與高亢的語調說出來，至於你挑選使用的是哪一個名詞反而沒那麼重要，只要從一而終，並使用正確的語調就可以了。對我來說，我會用特別的語調說出「很棒！」這個詞。

訓練你的貓咪時，一定要保持耐心與一致性。別忘了，貓咪也是動物，偶爾也會有發懶或叛逆的時候。

獎勵的口令也能用來鼓勵貓咪繼續進行正確的行為。舉例來說，當貓咪在指定的位置等待不動時說「很棒」，用以不斷鼓勵他持續這個行為，但是不告訴他這個行為已經做完，可以了。最後再使用響片作為正確行為與獎勵品之間的連結工具，代表行為訓練結束。所以當貓咪待在指定的位置時，會受到你口頭的讚美鼓勵，等到行為訓練結束後，就按壓響片發出聲音，然後給予食物作為獎勵品。

訓練的訣竅

開始訓練前，應該要先安排好訓練的場地。房間面積最好不要超過10 至 12 英呎，安靜，沒有多餘的雜物。事先準備好大量的獎勵品，而且要容易拿到，不用四處跑來跑去。

要進行每一項訓練課程時，都可以安排在貓咪餓了，或是有適當的休息之後，這樣愛貓會更有動力進行訓練的課程，也會有更長的集中力與更優秀的學習能力。

貓咪是很有生活規律的動物，可以試著排定一個固定的訓練時間區段，這樣貓咪就會知道什麼時候可以進行訓練，並期待每一次的訓練課程，不然這隻小惡魔可能會因為突然心血來潮，在凌晨時把你從床上挖起來陪他進行訓練。如果你的愛貓知道你安排的訓練時間表，就不會無所適從，能更加自在應對，也願意讓你在每天的非表定訓練時間之外，自行安排你的私人活動，不會吵你。總而言之，請務必記得訓練的目的，是要讓你和愛貓之間的相處與生活更加愜意快樂，而不是讓他支配你的生活。

來我這裡，小貓咪

像一下，你和愛貓在私人花園裡，共同度過一個慵懶的午後，和煦的陽光照在你們身上，聽著悅耳的鳥鳴聲（你的貓咪聽得比你還專心），再為自己倒一杯冰涼的飲料，多麼愜意享受！貓咪跟我們一樣，也需要一些室外體驗，陽光對所有生物的生理與心理健康來說，都是非常重要的。然而，在戶外活動對於貓咪來說，其實是具有一定危險性的，除非放風的地點是一個封閉的空間（或是有確實幫貓咪繫上牽繩），並且讓貓咪學會在你呼喚他的名字時，回到你的身邊。

第一個必學的課程，就是訓練你的貓咪回應你的呼喚，也是其他貓咪訓練課程必備的基礎課程。藉由這個訓練，你的貓咪能夠學會辨識目標、跟隨目標、如何獲得獎勵、你的聲音語調所代表的意義、看懂手勢指令等等，以上項目都能在本次訓練課程中一併串聯起來。

建立目標物

所謂的目標物，就是指能吸引你的貓咪注意的關鍵點（就像飛鏢靶上的紅心一樣）。在訓練貓咪追隨目標物時，你可以搭配使用誘餌（食物或玩具），引導貓咪追隨你的手或訓練棒。每一次只要貓咪將鼻子放在目標物的旁邊（當然，若是直接碰觸目標物更好），就可以得到獎勵。相信不用多久，你的貓咪就會知道如何追蹤目標物，不論目標物在哪裡，貓咪都會像獵捕他最喜愛的玩具老鼠一樣，緊緊跟隨目標。

你可以將你的手或訓練棒當成目標物，使用雙手當然是比較方便簡單，不過有些貓咪在極度興奮的時候，可能會無意間咬傷你的手指，所以最好還是使用訓練棒或訓練餵食器做輔助。這個訓練的最後，能讓容易興奮的貓咪學會如何控制自己的瘋狂行徑，並溫柔獲取他的獎勵。

首先請將目標物（訓練餵食器、訓練棒或伸出你拿著食物的手的手指）放在貓咪的鼻子下面。當貓咪嗅聞了你設立的目標物時，請口語誇獎他「乖孩子」。當貓咪將食物吃進嘴裡後，請按壓響片（若是你有準備的話），並自行決定要不要同時使用「乖孩子」誇獎他。

接著，將目標物稍微從貓咪身旁移開一小段距離，直到貓咪不得不稍微伸展他的脖子，才能接觸到目標物。一樣當貓咪嗅聞了目標物時，請誇

目標物訓練

只要貓咪學會辨識目標物，之後要教導貓咪其他的課程就輕鬆多了。隨便讓貓咪看到一種零食或玩具，當貓咪表現出有興趣的樣子，並用鼻子觸碰這個「好康」的東西時，請誇獎他並給予獎勵。一旦貓咪知道他得到「誇獎」之後，就能得到「好康」，並建立起這個觀念，那麼之後在貓咪的訓練課程中，「好康」的東西就能隨訓練者的安排延後給予，或是用其他東西代替，重點在於讓「誇獎」成為貓咪力求表現的唯一動機。至於目標物的形式可以自由選擇，不管是一支棍子、一顆球、一捲紙巾，甚至你的手都可以。

獎他。若是貓咪碰觸到目標物時，在他張口開咬後，請按壓響片、給予誇獎。

　　一旦你建立起誇獎的語調以及響片的聲音，與貓咪能得到獎勵品之間的連結，那麼你就可以在貓咪成功碰觸到目標物，以及提供獎勵品給他的動作之間，稍微暫停使用誇獎與響片。你的誇獎能在課程中成為驅使貓咪動作的鼓勵、響片的聲音能讓貓咪知道他是否有達成你的要求、零食則是貓咪完成行為的獎勵品。

讓貓咪看到並品嘗一口他的獎勵品。

稍微移動目標物，讓貓咪可以看到與嗅聞獎勵品。

當你的貓咪碰觸到目標物後，請提供獎勵品給他。

辨識「過來」指令

現在，你的愛貓已經學會跟隨目標物了，是時候進行喚回訓練了，也就是當你呼喚他的時候，他會自行移動到你的身邊。

1. 拿出目標物（不論是訓練棒或你的雙手都可以）。
2. 當貓咪注意到目標物時，請給予貓咪讚美。
3. 當貓咪主動靠近，並用鼻子碰觸目標物時，按壓響片以及給予讚美，別忘了要提供獎勵品。
4. 再重複一次步驟1.，這次請先將目標物移動到貓咪的鼻子下方，然後緩緩將目標物從貓咪眼前移動到你的身邊，引導貓咪靠近你。請同時呼喚貓咪的名字，並帶上口令「過來」。
5. 當貓咪跟著目標物移動時，請給予貓咪讚美。
6. 當貓咪碰觸到目標物後，請按壓響片並給予獎勵。

每一次你讓貓咪注意到目標物，並下達口令的時候，請務必循序漸進地讓你的貓咪學完整個課程。一開始，可以將目標訂為讓貓咪移動一隻腳，下一次就變成兩隻腳，以此類推。你的鼓勵，能驅使貓咪繼續遵照你的指令，為了取得獎勵而行動。貓咪很快就會學到「過來」口令的意義，並在聽到口令後，往目標物（訓練棒或你的手）移動。

每次進行過來訓練時，別忘了要逐漸拉長移動距離，讓愛貓邁開步伐，為了他美味的獎勵品進行一段「長征」。試著將你作為目標物的手或是訓練棒，成為你退他進訓練的視覺型引導指令。

當貓咪做得很好時，別忘了要提供獎勵。

　　在一開始進行過來訓練的課程期間，你需要同時使用到兩種指令方式，分別是視覺型與口語型。等到訓練進行一段時間之後，就能任君自由挑選想要使用的指令形式。不過，兩種指令方式一起使用，能加快愛貓學習的速度。

　　相信這個課程只要開始進行十分鐘以後，當你呼喚愛貓的名字時，你的貓咪就會穿過房間過來找你了。只要持續練習一個星期左右，之後不管愛貓躲在家裡的哪一個角落，都能讓你隨傳隨到，因為他會一直期待著與你的互動，還有事後的獎勵品。

這是用來進行「過來」訓練時，最適用的獎勵品拿取手勢。

當貓咪朝著目標物走過來時，請誇獎他。

讓貓咪聞聞目標物，接著慢慢將目標物從貓咪身邊移開。

訓練技巧

在開始與結束訓練課程的時候，讓你的貓咪認識專用的指令語，不失為一個好主意。在開始訓練之前，很適合使用高亢的語調說：「訓練囉！」；在訓練結束的同時，則可以使用「結束囉！」。請務必注意，不要使用一般的生活會話用語當作訓練時使用的指令語，因為指令語在貓咪的訓練課程中具有重要的意義。雖然說指令語的詞彙選擇沒有特別的限制，但是請儘量讓指令語單純作為指令語使用，並且從一而終，不要隨意變換。

> ### 動態引導
>
> 貓咪是非常容易受到視覺影響的動物，移動中的物體很輕易就能吸引到貓咪們的注意，所以在訓練時可以善用貓咪的這種天性，有技巧地移動靜止的物體，持續進行一段時間後，就能將其轉化為視覺型的指令。

在訓練的過程中，你可能會發現到幾個足以影響訓練課程能否成功的重要關鍵點，而且很容易就能觀察到。第一個關鍵點是「一致性」、第二個關鍵點是「時機」。一個優秀的動物訓練師，能很好地掌握住這兩個關鍵點，訓練時當然能事倍功半，且快速達到預期的成果，而這個技巧，事實上比你想像的要簡單很多。所謂的一致性，就是說在相同的情況，用固定的指令方式來做同樣的一件事。而時機點，就是指當貓咪做出正確的行動目標時，要立刻給予讚美獎勵，不能提早或延後。

當貓咪分心的時候

過來訓練有一個非常重要的用途，那就是教會你的貓咪，當出現任何會讓他分心的狀況時，乖乖聽從指令，遠離當下的狀況，來到你的身邊。你可以自行創造一些會讓貓咪分心的情境，例如離開平時的訓練室，改到其他房間進行訓練，或是讓其他的人與寵物圍繞在貓咪的身邊。請記得，在設定分心的情境時，必須要循序漸進，逐漸增加干擾貓咪專心的強度。

如果你發現你的貓咪無法集中注意力，那就要降低干擾的強度，等到貓咪能很好的回應你之後，再逐漸增加干擾的強度，一直到貓咪在訓練的過程中能完全忽視外在的干擾為止。再次提醒，任何一項訓練課程，都要從小處著手，循序漸進。

而過來訓練的另一個進階變化是設置障礙物，讓你的貓咪必須穿越障礙物後才能到達你的身邊。你可以在路上直立放置幾本精裝書、相框或是燭檯當作迷宮壁，然後讓你的貓咪注意目標物，接著移動目標物讓貓咪緊跟在後，引導貓咪繞過障礙物。只要不改變障礙物的位置，很快地，你就能直接走到障礙物迷宮的出口，用「過來」口令，讓貓咪自行穿越障礙物迷宮來到你的身邊。

教會你的貓咪「過來」，相當於在你與愛貓之間建立了一種新的溝通模式。你的貓咪會將眼光放在你的身上、在你身旁逗留，並要求更多的訓練遊戲。是的，看貓咪遊戲的時候固然有趣，但是讓貓咪成為你的遊戲夥伴，其中的樂趣更是非言可喻。

操作制約

所有動物的訓練基礎都是建立在「操作制約」之上。這樣說可能有點模糊，應該是說，我們可以藉由動物們想要獲得獎勵的想法，訓練他們如何以「特定的方式」來回應「刺激」。事實上，人類也一樣跳脫不出操作制約，而且每天都被操作制約，因為我們必須要生活（刺激），所以必需去工作（特定的方式）來得到薪水（獎勵）。因此換個位置來思考，食物或玩具就相當於貓咪的薪水。

訓練棒或是你的手勢指令是給予貓咪的「刺激」，誇獎和響片的聲音則是你用來回應貓咪對於刺激的反應，以及可以得到獎勵之間的「連結工具（或是稱為制約強化工具）」，再更進一步的解釋，就是當貓咪完成了

某種行為，你會使用誇獎和響片的聲音給予貓咪回應，表示你對貓咪的表現感到十分滿意，可以拿獎勵了。

每次當你設立一個課程目標，並下達指令之後，你的貓咪會為了得到你的回應與獎勵品，盡其所能地執行你的指令，這個過程就是在讓貓咪建立反應行為。舉個應用在訓練上的例子給你參考，在第一個課程中，你直接在貓咪的鼻子前展示出目標物，當他觸碰目標物後，你就給予「連

最後，你就可以在戶外，或是有其他外在因素干擾的情況下，訓練你的貓咪。

結工具」作為回應與提供獎勵品。再來的課程目標，你將目標物上下移動，當貓咪的眼睛跟著目標物上下移動時就誇獎他。之後每一次只要你上下移動目標物，都給予貓咪連結工具作為回應與提供獎勵品。再來的課程目標，是將目標物移動到另一邊，如果這一次貓咪也有跟著目標物移動，就給予誇獎。當你完成了這個課程（將目標從一邊移動到另外一邊），請給予連結工具回應與獎勵。最後，再將目標物移動一段距離（大約六英吋），若是你的貓咪邁開步伐跟隨目標物的話，請給予誇獎、連結工具的回應與獎勵，以上都是在建立貓咪的反應行為。

對於你的貓咪來說，他的學習速度可能比你閱讀上面一長串文字的時間還要快，特別是在貓咪肚子餓的時候，想要填飽肚子的需求能大大提升貓咪的學習速度。到了最後，大多數的貓咪都會單純為了刺激所帶來的滿足與快樂而接受訓練，除了訓練者的誇獎與響片聲音，不受到其他外在因素影響。到達這個境界之後，在貓咪感受到壓力，像是處在陌生的環境，或是處在周遭有不認識的人圍繞的情況下就很有用，可以把訓練當作是讓貓咪從陌生環境中轉移注意力與放鬆的一種手段。

坐一下

馬戲團中，時常看到老虎或獅子這一類大型貓咪科動物，表演後腳站立，並讓前腳騰空的動作。雖然這個動作對於同科不同種的家貓來說，好像是滿複雜的課程，但事實上，這個動作並沒有什麼難度。而且，這個動作同時也是其他進階訓練的基本動作，例如搖擺，揮手，跳躍或穿過物體等等。

坐下訓練可以拆解成幾個步驟，首先是認識坐下的指令、然後是後腿彎曲坐下，做出平常貓咪跟你「索求」時的動作，最後是保持在這個位置一段時間。在這個動作的訓練上，貓族的表現通常會比狗族優越，因為貓咪有令人驚豔的平衡感與靈活度。

你的愛貓在這個訓練上，可能用不到五分鐘的時間就能同時學會過來和坐下。貓咪本來就會將後腿彎曲坐下休息，這時若有什麼東西出現並吸引到他們的注意，貓咪還會試著伸出前爪抓取這些東西。

過來與坐下的訓練，是其他貓咪訓練課程的基礎動作。

教貓咪坐下

大多數的貓咪原本就會坐下，並同時盯著讓他們感到興趣的東西。但是，當他們學會「坐下」的課程之後，這個行為的內涵會完全不同。沒錯，他們看起來似乎只是盯著你下達的視覺指令（感到有趣）而已，但是事實上，在下達指令的同時，貓咪已經被你的視覺指令引導到定位，心裡也會開始期待他們的獎勵品。換句話說，他們不再是依照自己的意識決定自己的動作，而是受到你的引導。不過，我們在對貓咪進行任何訓練時，都必須讓他們認為自己的行動是自發性的，而不是受到你強迫指使。

一旦貓咪坐下了，別期待貓咪會自己乖乖的，一直坐在那邊不動，所以這一節我們還要教導貓咪「停留」（可以用在更進階的課程中）。

1. 當貓咪朝你走過來時，用中指與大拇指夾住零食，放在貓咪前

方的位置上，讓貓咪看到零食，然後用拿著零食的手，引導貓咪由下往上抬頭看到他的獎勵品。

2. 只要貓咪將頭抬高，背挺直，自然臀部就會坐下。

3. 在你持續吸引他的注意時，用另一隻手的食指，輕輕觸碰貓咪的臀部。記得吸引貓咪注意力的手不要伸得太高，不然貓咪可能會跳起來搶他的獎勵品，我們要讓貓咪的四隻腳都穩穩踏在地面上，所以位置大概控制在貓咪的鼻子與零食間，保持若即若離的距離就好。

先讓貓咪往你走過來。

將獎勵品稍稍抬高，超過貓咪的頭部，讓貓咪必須將身體伸直坐挺才能靠近零食。

貓咪已經鎖定好獎勵品了，這時緩緩將獎勵品往貓咪的腦後位置水平移動，為了跟著獎勵品，貓咪自然會順勢坐下。

4. 很快地，貓咪就會自然放低臀部坐在地上。這時就可以搭配誇獎或是按壓響片，並提供獎勵品。

現在你可以下達「坐下」指令了，也可以自由選擇是否要搭配「過來」指令一起使用。貓咪學會過來與坐下的指令後，之後在其他的行為訓練上幾乎都能使用到，當然，也可以讓貓咪直接坐在任何他願意坐下的地方。如果你的貓咪在你呼喚他過來時碰到了意外狀況，只要他有學過坐下的指令，你就可以在這個時候下達指令讓貓咪坐下不動，幫助你更快且更安全地過去將他帶回來。

在貓咪的訓練期間，請針對這個項目多加練習，因為這個項目是多數進階課程的基礎。舉例來說，當貓咪在學習搖擺、揮手、坐姿伸展時，都必須先坐下等待。就像學功夫要先學蹲馬步一樣，穩定的坐姿可以讓貓咪更加輕鬆學會其他的行為課程。

坐姿伸展

多隻貓咪的訓練方式

如果你的家裡飼養了很多隻貓咪，而你希望每一隻都能訓練到，我會建議你先以一次一隻，個別訓練的方式進行。一旦貓咪們都學會了基本的課程，例如過來和坐姿伸展，就可以找幾位訓練幫手協助，在同一個空間裡進行訓練了。不建議同時對兩隻以上的貓咪進行訓練，除非他們都已經熟悉訓練的課程了。

在這個進階課程中，你必須讓你用來吸引貓咪注意的「誘餌」，保持在貓咪身前約幾英吋遠的地方，以便你的貓咪可以向上追隨誘餌的蹤跡。請用你的中指與拇指夾住誘餌，然後伸出你的食指，這樣做可以將食物的誘惑與視覺指令（手勢指令）連接起來。

下指令讓你的貓咪過來與坐下，吸引貓咪的注意力。當貓咪完成兩三次過來與坐下的指令後，就代表貓咪已經進

入狀況了，接著將貓咪的目標物向上與向後移動，超過貓咪的鼻子，同時說：「貓咪（可以替換成貓咪的名字），上來！」當貓咪的視線跟著目標物向上移動，就可以給予他零食獎勵。再來要等到貓咪將他的前腳從地板上舉起之後，再給予獎勵。逐漸提升每次給予過來、坐下、上來指令的綜合表現水準。可能不用幾分鐘，貓咪就能學會以坐姿開始向上伸展，甚至會用一或兩隻前腳搭到你的手。

　　為了不讓貓咪誤以為這三個指令動作是一個套組，請避免不斷重複使用這三個指令的組合，而是分別使用「過來」、「坐下」，偶爾加上「上來」的口令，讓貓咪確實了解這三個指令的意義與不同。

　　別忘了，當貓咪做出符合你要求的行為時，一定要用「好棒喔！」來誇獎他。不過要注意，絕對不能在貓咪還沒確實完成動作前就給予誇獎，不然貓咪明明就沒有完成正確的動作，卻會因為你的誇獎，誤以為自己已經達成你的要求了。再次提醒，「誇獎」是貓咪執行指令並完成後，用來與獎勵連結的「連結工具」，所以一定要注意使用的時機點，只有在貓咪確實完成符合你期望的行為後，才能給予貓咪誇獎（或是按壓響片）。

先吸引貓咪的注意力，並讓他坐下。

一旦貓咪坐下了，將目標物移動到貓咪的頭上，並向上伸出食指，給予「上來」的指令。

讓你的貓咪將前肢搭在你的手上，以取得平衡。

坐姿伸展的進階訓練

這邊有幾個關於坐姿伸展的進階訓練可以讓你教導貓咪。其中一個是讓貓咪不接觸你的手，自行使用後肢的力量保持幾分鐘的平衡，接著讓貓咪用一隻前腳搭住你的手，另一隻前腳搭在其他突起的東西上面「饋手」。

最簡單的變化，是先讓貓咪用前肢搭在你的手上，再來讓貓咪在同

樣的位置伸出前肢，但不碰觸到你的手。只要貓咪了解這個指令，在執行時自然會轉化成將他的前肢「饋」在其他物品上。

一開始，我們一樣讓貓咪先過來並坐下（別忘了在貓咪完成指令時誇獎他，以增強他的行為）。在貓咪坐定位之後，將他的目標物（也就是你的手或訓練棒）移動到他的鼻子上方，緩慢的向上移動，吸引貓咪的注意力，只要貓咪有一點點的進步，就要給予讚美與獎勵。最後貓咪的臀部應該會完全離開剛剛坐著的位置，上半身整個向上伸展開來，這個時候可能會需要你借他搭把手，也或許不需要。

在訓練的初期，大多數的貓咪都會自行找東西放手，好保持平衡。這時你可以設定一個指令方式，讓貓咪將他的行為與指令和獎勵連結在一起。最困難的課程是，讓你的貓咪學會如何不藉由你的手幫助，自行向上伸展。如果你的貓咪每次都習慣借你的手來伸展，你一定要教會他不碰觸你的手來保持平衡。為了達到這個目的，只要在貓咪每次伸展起來要碰觸到你

這隻名叫藍莓的貓咪，正在用兩種方式鎖定目標，第一是將前肢放在訓練棒附近，另一個是用雙眼緊盯著拿有他最愛的鮪魚食物的手。

除了教導貓咪將手「饋」在椅背上之外，也可以在進行這個訓練的時候，教他稍微搖擺一下身體。

的手時,將手稍微往後移動一點距離就好。很快的,貓咪就可以自己向上伸展並保持平衡,不再需要你的手,別忘了要讚美他並給予獎勵。

讓貓咪找東西「饋手」

這個訓練是用來轉化貓咪將前肢放在其他物品上(例如椅背)休息的行為,可以使用過來的指令,將貓咪呼喚到指定的位置,當貓咪差不多到達指定的位置時,下指令讓貓咪坐下,輕輕敲擊目標物的表面,這時貓咪會試著用鼻子觸碰目標物與零食,但是因為目標物和零食離他都有點距離,這時貓咪就會自然抬起上半身。這時一定要立即使用連結工具(誇獎或按壓響片),並給予獎勵。

這隻貓咪正在進行上來的訓練,並同時將他的前肢放在椅背上休息。

每一次貓咪試著抬起上半身後,都要增加訓練的難度,直到貓咪將前肢放在物體上面為止。一旦貓咪成功將前肢放上某個物體之後,你就可以善加使用連結工具與獎勵品,將貓咪「饋手」的行為維持住一段比較長的時間。這個訓練在之後進行「等待」訓練時有不小的幫助(後幾章的訓練內容會提到)。

你可以教導貓咪更多「上來指令」的衍伸運動,像是馬戲團的大型貓咪科動物,會「舉起手」讓前肢騰空,或是站起來用後腳快速轉圈等。但是在進行衍伸運動的訓練之前,請務必確認貓咪已經真正了解「上來」這個指令的意義,並且能毫無疑問地完成「過來」、「坐下」與「上來」這三個指令。

動起來

想要控制與解決貓咪問題行為的祕訣，就是將問題行為轉化為理想行為。說得簡單點，就是教導你的貓咪在你的指令下進行活動，減少貓咪們自行摸索然後學壞的機會。貓咪，這種如此機敏靈巧的動物，怎麼可能不會自己試著四處找樂子。攀爬櫥櫃以及幫垃圾分類，對貓咪來說，不光只是因為想獲得食物而已，當你餵飽貓咪之後，這樣的活動對貓咪來說，也能夠當成是飯後的消食運動。探索行為對貓咪來說是很正常的行為，他們無時無刻不在探索，探索住所、探索夥伴、探索食物，或在地盤上遊蕩，劃定界限。若是在野外，你的貓咪會花上一整天的時間進行以上這些活動。但是在你的家裡，他沒有其他地方可以去，只能攀上桌子與櫥櫃隆起的綿延山峰、或是探索深不可測的垃圾桶峽谷。而貓咪進行這些行為最主要的原因，就是因為他覺得無聊，想搞點事情。

　　訓練貓咪，就像是給他一份日常工作，讓他每天有所期待。所以何不試著用訓練，將貓咪讓你困擾的自然行為，轉化成你能接受的美好行為呢？

　　你的貓咪現在已經學會了過來、坐下與上來，以及其他相關的進階行為。當你要求貓咪從一個地方移動到另一個地方、或是轉圈，搖擺，揮手，甚至跳進一個圈圈或跳過一根棍子時，口令與手勢指令都是非常重要的。不論路徑如何安排，當你希望貓咪能到達指定的地點時，你就可以用過來的手勢指令，引導貓咪從 A 點移動到 B 點，當你在進行行為訓練時，也可以搭配詞語口令，讓貓咪將行為與特定的聲音連結起來。然而，相比於口令，大多數的貓咪對手勢指令更有反應，所以與其說口令是為了讓貓咪將口語指令與行動資訊連結起來，更多時候是用來幫助我們在腦海中規畫下一步的行動。

跳上椅子

　　首先請選擇兩張有防滑功能的椅子，像是寬椅，或是布紋椅等，兩張椅子之間的距離不要超過一英呎遠。確認椅子有牢牢穩固在地板上，不會任意移動。貓咪不會選擇跳到不穩定的物體上，或許會跳個一次，但通常不會願意跳第二次，只有在信任你的狀況下，貓咪才願意做這個訓練。

1. 讓你的貓咪看到零食，慢慢引導他靠近椅子。當貓咪到達椅子旁邊，就給予誇獎（按壓響片），並給他獎勵品。
2. 接著，將零食移動到椅子高度一半的位置，當貓咪跟著目標移動，就給予誇獎（按壓響片）。逐漸增加距離，直到貓咪碰觸到椅子的坐墊。
3. 將零食放在椅子的中間，並輕敲零食旁邊的椅面，這樣能吸引貓咪注意到椅面上方的零食位置，他很有可能會直接跳上椅子吃零食。只要貓咪跳上來，就給予誇獎（按壓響片），讓他享受他的獎勵。
4. 當貓咪順利跳上椅子後，用指令讓他在椅子上進行坐下和上來。
5. 稍微離開椅子一點距離，然後對貓咪下達過來的指令。

6. 當貓咪從椅子上下來並走到你身邊時,讓貓咪坐下,給予誇獎(按壓響片)和他的獎勵。

7. 再來若你要讓貓咪上椅子,只要用輕輕敲擊椅面讓貓咪上去就好,不需要再用其他的引誘方法。

大多數的貓咪,在學習課程這方面,教導的次數大概都不用超過三遍,他們很快就會知道自己應該要怎麼做才能獲得獎勵。如果你願意的

用過來指令引導貓咪靠近椅子,將零食放在椅面上,並輕敲椅面。

當貓咪跳上椅子後,讓他享受他的獎勵品。

讓貓咪在椅子上練習上來的指令。

讓貓咪在椅子上練習坐下的指令。

話，可以使用不同的詞語來教學，只要保持前後的一致性就好。不過，貓咪已經學會「過來」和「上來」這兩個詞語的意義，所以他知道如何來到你指定的位置，也知道當你輕輕敲擊椅面時，他只要跳上去就能得到獎勵，所以可以用「過來，上」，將這兩個動作結合在一起。

在進入下個訓練之前，請多重複練習上下椅子的指令訓練，在你開始進行從一張椅子跳到另一張椅子之前，讓你的貓咪能很快地反應「過來，上」（登上椅子）指令以及「過來」（離開椅子）指令。

在椅子間跳躍

在椅子間跳躍，是為了滿足貓咪在其他你不希望他跳上去的地方跳躍的天性，例如櫃子或桌子。用積極的行為訓練，將造成你困擾的問題行為做轉化，讓貓咪學習在正確的時間與地點做這些行為。

1. 讓貓咪跳上椅子。
2. 讓你的貓咪看到目標，並引導他到椅子的邊緣。確認貓咪看到你在另一張椅子放上的零食。
3. 輕敲零食旁邊的椅面（你的貓咪知道，當你敲擊椅面時，只要到你敲擊的位置附近好好搜尋一番，就能找到他的獎勵品），

讓貓咪看到
你輕敲的椅面上放有零食。

你的貓咪將會為了取得零食，從一張椅子跳到另外一張椅子上。

貓咪將會跳到另外一張椅子上。當貓咪成功跳到椅子上，並享受他的獎勵時，請記得給予他誇獎。

4. 試著將步驟倒回來。在貓咪剛剛離開的椅子上放零食，輕敲椅面並同時下達指令，像是「跳過來」或是「跳」。當貓咪成功跳到你輕敲的椅子上時，記得要誇獎他。

5. 多練習幾次來回的雙向訓練。

6. 進行其他已經學會的訓練，例如「過來」、「坐下」或「上來」。之後再回到讓你的貓咪跳上椅子的訓練。

7. 等貓咪吃完零食之後，將兩張椅子分開大約六英吋的距離。

8. 輕敲另一張椅子的椅面（沒有零食），然後要貓咪「跳過來」。

9. 重複幾次這個步驟，但是不要增加兩張椅子之間的距離，等到下一次複習課程時再增加。

你的貓咪幾乎不會在意椅子間的距離有沒有增加，因為貓咪有著極為優秀的運動能力，跳過一尺半的距離對他們來說沒有什麼難度。

每次複習課程時，可以將椅子間的距離再多拉開幾英吋，但是嚴格禁止分開到可能造成貓咪摔下或受傷的距離。每隻貓咪都有自己的

極限，一隻高齡或超重的貓咪，就不可能表現得比年輕或體能狀況正值顛峰的貓咪好。

跳到其他東西上

當貓咪已經能很熟悉且自信地在椅子間跳躍之後，可以試著幫貓咪設定其他的跳躍「著陸點」，但是選擇的原則是，一定要避開你不希望貓咪靠近的桌子或相關的地方，再來就能盡情發揮你的創意囉！你可以教導貓咪跳到沙發上，並從沙發移動到你身旁，或是讓貓咪從沙發跳到你的大腿上，也可以教導貓咪從沙發或椅子的椅背上借力，跳上你的肩膀等等，這個進階訓練有各種各樣的變化可以學習。但是這邊也要做個提醒，當貓咪開始玩出心得後，可能就會自己試著到處跳來跳去，沒有一刻消停，反而讓你的貓咪變成小惡魔。像我知道一隻名叫查爾斯的貓咪，他就自己學會如何在他的人類夥伴淋浴時，跳到淋浴門上窺看。他會從馬桶上跳到毛巾架，再從毛巾架跳上淋浴門。當然，他只有在人類夥伴淋浴時才會這麼做，洗澡時被一隻貓咪偷窺，應該沒有什麼大不了的吧！

繼續加強課程難度，讓貓咪跳回第一張椅子上。

尋回行為

如果很幸運地，你的愛貓很喜歡展現他的「獵物」給你看，那尋回訓練對你和愛貓來說就沒有什麼難度。有些貓咪會送「禮物」給他們的人類夥伴，有好幾個早上，當我剛要從床上起身，就看到我腳邊的地板上有一整排老鼠，而且排列得整整齊齊，當然有時候貓咪也會對別的「獵物」產生興趣，像是我家的暹羅貓——玲玲，他就特別喜愛柔軟的捲髮器。每個早上，他都會將一個捲髮器放在我的鼻子上，並在我的耳朵邊喵喵叫，直到我拿起捲髮器丟到房間的另一端，他就會一溜煙地追隨捲髮器而去，讓我的世界再次得到清靜，但是沒幾秒，捲髮器又會被丟回我的鼻子前面。這是玲玲終其一生，樂此不疲的遊戲，自從玲玲來到我家之後，我就不曾睡過頭了。

貓咪科動物的遊戲模式，其主要目的是為了培養他們自身的本能行為。在野外生活的貓咪們會外出狩獵，並為了家中還無法自行捕獵的小

查爾斯自行學會如何跳到人類夥伴的淋浴門上窺看。

玩具獎勵品

由於貓咪有掠食的本能，所以對大多數的貓咪來說，使用玩具取代食物作為獎勵品的學習效果，和使用食物是一樣的。更別說，一隻總是吃很好的貓咪特別容易有挑食的傾向。你可以選擇一款跟貓咪在野外的獵物看起來很相似的玩具來挑逗貓咪，直到引起貓咪的注意後，在任何你想進行的訓練課程上善加利用這個玩具。當貓咪完成訓練的目標與進度後，就可以放手讓貓咪自己好好地「玩弄」玩具。

寶貝們，將食物帶回巢穴之中。所以，顯然我家的幾隻貓咪，一致認為我沒有他們的照顧就會餓死。

事實上，這些行為不過只是家貓用來鍛鍊他們鮮少使用的幾項本能而已，他們會自行想方設法，善加利用他們的本能行為來改善生活。使用指令對這些貓咪進行尋回訓練，是既能讓貓咪盡情施展本能，又能為其與他們的人類夥伴，共同建立起強力牽絆的積極作法。一隻訓練有素的貓咪，也能用這種方式，幫助身體上有不便或障礙的人類夥伴，提供生活上的幫助。當然，貓咪不能拿起太重的物品，但是一枝筆或一支鑰匙還不算問題，他們也能學會按下讓機器運轉的開關。若是一隻「治療貓咪」，尋回訓練還可以娛樂與照亮每個遇到他的人的生命。

尋回訓練

教導貓咪追捕或尋回的最佳輔助工具首推響片，可以幫助貓咪快速養成行為。

一開始，我們要使用貓咪最喜愛的玩具跟他稍微玩一下，你可以左右甩動玩具、將玩具藏在其他東西後面玩捉迷藏，或是像釣魚一樣將玩具懸掛在貓咪的前方，盡你所能的激起貓咪的玩性。只要你注意到貓咪已經整個沉浸在玩玩具的世界時，就可以將玩具丟到很遠的地方。如果貓咪很迅速地跟著飛奔出去「獵捕」玩具，請立刻按壓響片並直接把玩具當作獎勵提供給他。如果貓咪只是傻傻地呆在原地，那請按照以下的步驟進行訓練：

1. 用訓練棒碰觸玩具。當貓咪靠近訓練棒上的零食時，按壓響片並讓貓咪享用零食。

2. 重複進行兩至三次步驟 1 的訓練。

3. 只要貓咪學會靠近訓練棒時，讓訓練棒的底端碰觸到玩具，這次不用裝上零食。

4. 當貓咪在找尋訓練棒上的零食時，請確定貓咪也能接觸到玩具。當貓咪接觸到玩具時，按壓響片並給予零食。

5. 多練習幾次，讓貓咪跟玩具之間能有愈來愈多的接觸機會。舉個例子，一開始，貓咪可能只是不小心碰到玩具，這時你可以按壓響片；再來只有貓咪自己碰觸玩具時才按壓響片；以此類推，善用響片，讓貓咪對於玩具的注意力愈來愈高，並逐漸將目標從訓練棒轉移到玩具上。最後，你的貓咪就會學習到，他的目標是訓練棒指定的物品，而非訓練棒本身。

6. 一旦貓咪會確實靠近並接觸指定的物品，你就可以繼續加碼，等到貓咪確實叼起玩具後，再

從訓練棒得到獎勵

讓貓咪學會從訓練棒上得到食物是很簡單的訓練。一開始先讓貓咪看到訓練棒的湯匙端上放置的食物，接著讓貓咪聞一聞訓練棒，在貓咪嗅聞的時候按壓響片並給予零食獎勵，上述這個步驟請重複至少三次以上，這樣貓咪就能學會從訓練棒上取得他的零食。

一旦貓咪學會從訓練棒上取得食物後，這時可以把貓咪學會的幾項課程中，原本是以手作為引導目標物的功能，轉移到訓練棒上。像是將訓練棒放低在地板上，並向後移動，以作為讓貓咪「過來」的指令。當貓咪過來時，請立即按壓響片並給予獎勵，然後逐漸增加移動的距離。抑或是當你要讓貓咪從一張椅子跳到另一張椅子時，可以用訓練棒的前端輕輕敲擊椅子。訓練棒很適合用來教導貓咪進行點對點的行動以及尋回運動，不過對於特定的行為，例如坐下、趴下、等待或是揮手等行為的效果就沒這麼好。

訓練棒可以用來指引
貓咪的目光，放到
任何你想要貓咪注意
的物品上。

經過練習之後，
即使沒有
訓練棒的指引，
貓咪也會
自行碰觸玩具。

按壓響片並給予他專屬獎勵。

7. 逐漸增加你的課程難度，將「讓貓咪叼起玩具」然後「朝你走過來」這兩種行為結合起來。這個課程看起來似乎需要花費比較多的時間來學習，但事實上，貓咪科動物在這方面的學習速度極快（特別是本身就對尋回行為有天分的貓咪），甚至可能當你還在想著要如何將其分解成小步驟一步步進行訓練時，貓咪就已經自己將玩具叼回你身邊了。

恰吉

　　我的一位學員，家中有隻名字叫做恰吉的貓咪，他已經學會跳到東西上面，走過來以及坐姿伸展。在這個家中，包含他在內還有四隻貓咪與兩隻狗，所以他並不是家中唯一的寵物成員，卻是最親人、最有互動性的。有趣的是，趴下與翻滾這兩套動作，是恰吉自己算好良辰吉日來向我學習的，我還記得恰吉學會的那天，他親自到門口來迎接我，跟我打個招呼，然後趴下來，伸展身體，翻滾一圈。就這樣，整套動作花不到十分鐘就學完。

　　不過，當恰吉的飼主要對他進行訓練時，恰吉總是愛理不理的，飼主總是沒辦法讓恰吉乖乖聽話，所以我要飼主暫時無視恰吉，改為對其他的寵物成員進行訓練。於是受到冷落的恰吉決定要奪回原本屬於他的關愛，使出了他自行領悟的一套絕學，先是一個旱地拔蔥跳上樓梯、隨即使出蜻蜓點水攀上扶手欄杆，最後一個猛虎跳躍，輕輕巧巧地站上奴才的肩膀。恰吉這時候的心裡肯定是希望飼主能注意他的，理所當然地，在之後的課程中，恰吉很配合地做了趴下與翻滾。恰吉可能有點傲嬌，但絕對不是傻瓜，他可是很喜歡表現的。

　　有時候，要對付耍任性的主子，無視他一段時間是很有效的方法。

轉圈圈

　　轉圈圈是非常容易學習的訓練課程，可以在地上或椅子上進行。這個訓練的教學方式跟「過來」很相近，唯一不同的地方在於貓咪是跟著你的引導轉圈圈。這個訓練有趣的地方，是你可以任意增加行徑的曲折與迴轉的次數，並試著讓貓咪提高移動的速度。

一開始先用過來和坐下的指令，讓貓咪將注意力放在目標物上。

使用目標物引導貓咪轉向他的後方。

1. 讓貓咪過來並坐下。

2. 讓貓咪看到他要追蹤的目標，並且讓目標物順著貓咪的鼻子移動到尾巴，跟著下口令「旋轉」。當貓咪跟隨著目標物轉動他的頭，並碰觸到目標物時，按壓響片、給予誇獎並提供獎勵品。

3. 每一次用目標物進行引導時，要試著讓貓咪旋轉的半徑愈來愈大，直到能順利轉完一圈為止。

4. 若貓咪成功轉完一圈後，試著再追加一圈。若是旋轉超過一圈以上會讓貓咪感到混亂，請別操之過急，減少圈數並善用「連結工具」與「獎勵」引導他。這個訓練的最後一個步驟，就是要讓貓咪可以不用任何引導，自行完成轉圈圈。

　　當貓咪學會轉圈圈後，你可以進一步，引導貓咪在你站立或走動時，從你的腳邊穿梭移動。再來，你可以將目標指向希望貓咪移動的方向，並在貓咪每一次有進步的表現時給予獎勵。貓咪是非常渴望學習與表現的動物，所以這個訓練對於你的貓咪來說，一定很快就能上手。我們也曾經碰過，在短短幾分鐘內就學會轉圈圈，以及在人類的雙腳間穿梭移動的貓咪。

　　你的貓咪學會的每一個訓練課程，都是邁向其他更高階訓練的基本功。

還不要給予貓咪獎勵，我們要讓他轉完完整的一圈，將獎勵品移動到他的尾巴旁邊。

這邊有個小技巧，就是讓獎勵品保持在貓咪聞得到，卻吃不到的距離。

當貓咪成功轉完一圈後，就能讓他享受獎勵品囉！

等待

你是否住在一個周圍環境複雜，不適合讓貓咪外出的地區呢？你可能住在公寓或大樓裡，或許旁邊還緊鄰著車水馬龍的大馬路？若是你希望在你進出家門時，能讓貓咪在指定的地點等待，那你應該要好好讓貓咪學會「等待」所代表的含意。

保持等待對於貓咪來說，應該是難度很高的訓練項目。當然，他們可能本來就會整天待在一個固定的地方不動，但這是他們自發性的行為。當等待變成一個指令時，其中的意義就完全不同。

在這個章節，我們要先讓貓咪學會坐下，然後等待。雖然有些貓咪可以藉由獎勵的方式自行學會在原地停留等待，但有些貓咪則需要被特別抓回來「擺放」到等待的位置上，不過這不代表你可以強拖硬拉或是粗手粗腳地將貓咪丟回指定的位置上，而是要輕輕地將貓咪放回位置上，並給予溫柔地撫摸，以鼓勵的方式，讓他留在我們要他等待的位置上。在進行訓練時，若你硬是要強迫一隻貓咪跟你合作，想當然爾，貓咪百分之百會以不合作運動回敬你。貓咪只接受哄騙和拿好東西討好他，若是想用負增強的方式處罰貓咪，唯一有效的方法只有無視他。

> ### 坐下等待的衍伸訓練
>
> 將坐下等待，與其他貓咪學會的行為課程互相結合，是很有趣的一件事。你可以讓貓咪在椅子或沙發的靠背上坐下等待，然後再呼喚貓咪過來，也可以先讓貓咪在地板上坐下等待，再呼喚他到其他比較高的地方來。你可以在各種地方自由運用這些指令進行訓練，保證你絕對樂此不疲。若你不會感到無聊，相信你的貓咪也不會。

坐下等待的指令

坐下等待屬於難度比較高的訓練課程，所以每個步驟要拆解成以一至兩秒為目標的項目進行，再逐漸增加時間，提高專注的程度。這種訓練方式稱為「連續漸進法」，讓貓咪跟著訓練的每一個步驟，逐漸提高標準。我們可以按照下列的步驟做拆解訓練：

1. 讓貓咪過來與坐下。
2. 對你的貓咪下「等等」的口令，將手放在貓咪正前方，將手掌心對著他。在貓咪乖乖待著時，請誇獎他。誇獎可以鼓勵貓咪待上更長的時間，並期待他的獎勵。
3. 只要貓咪願意在原地等待個幾秒鐘，就可以給予他獎勵品。
4. 重複以上的步驟，並逐漸增加貓咪等待的時間。

按照這個訓練的進度，大約在一至兩個星期左右，貓咪就能在原地坐下等待至少三十秒鐘以上。

先讓貓咪過來與坐下。

將手掌放到貓咪的面前，並下達「等等」的口令。

你的貓咪可能會急著想得到零食。請沉住氣，依照練習的狀況重複進行訓練。

若貓咪不願意坐下等待怎麼辦？

在坐下等待的訓練課程上，幾乎每一隻貓咪或多或少都有被抓回位子上的經驗。你在這個訓練上能做的事情，很大程度受到貓咪的個性影響。雖然有些貓咪可能不太在乎被你抓起來並放回原位，但是其他貓咪可能會感到害怕，不論你的動作有多麼溫柔。

引導貓咪回到位置上，
在貓咪完成行為前，
暫時不要給予零食。

　　所以在這個訓練中還是要善用獎勵的方式引導貓咪。當貓咪站起身時將零食放到貓咪的鼻子下方，引誘貓咪回到原本的位置上，並在貓咪回到定點時給予誇獎。當貓咪坐下時，立即下達口令「等等」。請記得，多付出一點耐心，是進行訓練課程的最大美德，貓咪可能不會乖乖地按照你的預期坐下等待一段時間，所以不用操之過急與追趕進度，先求穩，再求好，先讓貓咪穩定地坐下等待一小段時間，再慢慢地延長貓咪願意等待的時間。如果一直用強迫的方式練習，貓咪很快就會對這個訓練課程失去興趣。

> 這是讓貓咪等待的手勢指令，配合「等等」的口令，用來讓貓咪了解你期望他下一步該怎麼行動。

當你在教導貓咪坐下等待的時候，請務必同時帶入其他的課程訓練。可以讓貓咪過來並坐下，讓貓咪在不同的東西上跳來跳去，引導貓咪走到其他物品上等等。椅子或矮桌也是很適合用來訓練坐下等待的道具，有些貓咪在稍微離開地面，帶點高度的物品上，比較容易學會坐下等待，因為他們喜歡待在高處，不太會跳下來，而待在這些物品上，也不像在地板上那麼容易到處移動。

若是貓咪不介意被抱起來，或是個性比較隨和，那麼你可以將他抱起來放到你要他等待的位置上。等貓咪到達指定的位置後，就在貓咪的面前做出等待的手

等等，莎莎

我接過幾個非常有趣的工作，其中為馬里蘭州樂透拍攝的電視廣告特別讓我印象深刻。這部廣告由一隻名叫泰迪的澳大利亞牧羊犬，以及一隻名叫莎莎的橘貓領銜主演。莎莎在劇中需要保持趴下與等待，但是地點是在室外拍攝現場，也就是說莎莎必須在一個完全陌生，攝影機來回移動，攝影組後方還有一堆車輛呼嘯奔馳的地方趴下與等待。如果導演事前讓我知道會在哪邊拍攝，或許我還能先幫他們做一些調適訓練，但是製作人員不太會注意到這些細節，而且拍攝地點馬上就確定了。幸好莎莎是一隻很好相處的貓咪，不太容易受到驚擾。為了安全起見，我將莎莎安置在一具馬鞍下方，剛好能覆蓋住他的身體，然後用他等待的位置前方的植物種植箱壓住牽繩，接著我在樓梯旁邊安排一位訓練師，以防臨時有意外發生時，能快速抓住莎莎。當攝影機準備好要拍攝時，我對莎莎下達等待的指令，然後緩緩退到攝影機的視角之外，但依然在莎莎的視野以內，在整個拍攝過程中，我不斷給予莎莎誇獎。莎莎的演出完全超出水準，他從來沒有在戶外工作過，也沒有類似的經驗，但他就這樣乖乖地待在原地至少二十分鐘以上，而且表現地十分隨意放鬆。他的眼睛會追蹤攝影機，但是耳朵卻緩緩轉動，捕捉一群在樹上棲息的鳥類的聲音。大概一千隻貓咪之中，才能遇到一隻像莎莎一樣的貓咪。

勢指令，然後下達等等的口令，手勢緩緩朝向貓咪的鼻子移動，這時貓咪會因為你的手勢而將重心移到後肢，並且在原地等待一小段時間。接著，請用至少兩個星期的時間，慢慢延長貓咪等待的時間。

　　當貓咪大概可以在同一個位置等待超過三十秒之後，就能進行干擾與隱形界線的訓練。對大多數的貓咪來說，要能達到這個水準是相當困難的，所以請務必保持耐心與堅持，以循序漸進不強求的方式，讓貓咪穩定且確實的學會這個課程。

貓咪很快就能學會等待的手勢指令，一旦貓咪學會坐下等待，你就可以嘗試延長貓咪坐下等待的時間長度。

隱形界線

　　在這個章節，我們將要進行，即使你在貓咪的周圍活動，貓咪依然可以穩定在同一個定點上等待的訓練。

1. 讓你的貓咪過來並坐下，當貓咪坐下時立刻給予獎勵。
2. 對你的貓咪下「等等」的口令，並讓貓咪清楚看到手勢指令。
3. 若貓咪依然保持不動，你就可以試著在貓咪的前方左右移動。若是貓咪站起來了，必須要誘導他回到原本的位置，或是將貓咪抱回原本的位置上。重複等待口令與手勢指令的訓

練，然後試著在貓咪面前移動幾步。

4. 之後每一次讓貓咪進行坐下等待時，都要試著在貓咪的四周移動，請用低姿態在貓咪的兩側活動，絕對不能只朝同一個方向移動。貓咪必須學會，不論你在他周圍做出怎樣的動作，都必須在你指定的地點耐心等待。

5. 在經過幾次訓練之後，你的貓咪應該能在下達指令後，於固定的位置坐下等待，不會受到你在他四周活動所影響。

當貓咪在定點坐下等待時，你可以慢慢地從貓咪旁邊離開。

和貓咪一起進行訓練課程，是在用一種有趣的方式，增加你們彼此之間的牽絆，所以請試著讓訓練的時光更加有趣。

當你和愛貓完成坐下等待的活動干擾課程之後，就能開始進行隱形界線的訓練。這個部分也需要一步一步慢慢進行，你可以想像成是上一個訓練的加強版，在貓咪固定在同一格位置坐下等待的時候，增加你在貓咪周圍移動的方式。你必須以非常溫和的方式進行，而不是期待你的貓咪會在你猛地離開時，依然乖乖等待。

先試著在貓咪周圍走動，並逐漸拉遠跟貓咪之間的距離。然後試著以貓咪為圓心向外轉圈繞行，練習得差不多之後再緩緩繞行回來。大部分的貓咪都不喜歡有人直接靠近他們，特別是從遠處直直針對性地靠近，會讓貓咪不安。

在坐下等待訓練的時候，不要吝嗇誇獎你的貓咪，「好孩子」說再多也不嫌多。當你走回貓咪身邊後，記得要讓貓咪下課，別讓他癡癡地等待，並給予他獎勵品。

如果貓咪的坐下等待訓練非常紮實，那麼你可以試著配合「過來」指令，讓貓咪從他等待的位置到你身邊。但是這個指令不能太常使用，否則以後可能你稍微離開，貓咪就不會坐下等待了。因為他會期待到達你身邊的獎勵，勝過於遵照你下達的指令。想當然爾，當你離開了，貓咪的下一步就是站起身來，而非在定點不動。也要盡可能地在訓練中創造變化，這樣能確保你的貓咪有真正學會等待的指令，而非只是照本宣科完成動作。

趴下等待

好了，接著我們要進行的是最困難的訓練課程「趴下等待」。你可能會問：「貓咪不就是整天閒閒沒事就躺在一邊好幾個小時的動物嗎？這有什麼困難的？」不要懷疑，即使貓咪是這樣的動物，這個訓練的難度還是很高。

趴下，是一種代表服從的姿勢，唯有訓練的過程與周圍環境讓貓咪感到舒適放鬆，他才願意趴下，不然想要貓咪乖乖趴下根本是天方夜譚。當然，除非你提供的獎勵品有非常強烈的吸引力，或是你的貓咪壓根就不在乎被其他人指使或控制，不過這種貓咪實屬罕見。

學習趴下等待的指令

　　如同坐下等待，這個章節我們要讓貓咪先學會趴下，然後才進行等待。有幾種方式可以「誘導」貓咪在定點趴下。再次強調，是「誘導」，絕對不能用強迫的方式，不然就等著貓咪用不合作運動對你表示抗議。循序漸進是每一個步驟的原則，就如同你之前在其他課程保持的步調一樣。將整個訓練過程拆解成簡單的步驟，有助於幫助貓咪快速理解，簡單上手。

　　現在，我們將趴下等待拆解成以下幾個動作，分別進行教學：

1. 低頭
2. 蹲低
3. 蹲趴，讓肚子碰到地
4. 蹲趴並將前肢往前伸
5. 完全趴下，讓肚子碰到地
6. 放鬆的臥姿

訓練課程能讓愛貓更加神采飛揚與活躍。

步驟一：低頭

1. 呼喚貓咪過來並坐下，然後要貓咪坐下等待。

2. 將零食放在地板上，並用你的手掌蓋住零食。用另一隻手的食指指向零食，並用食指輕輕敲擊地板，吸引貓咪的注意。

3. 當貓咪在你敲擊的位置附近尋找時，請將蓋住零食的手掌拿開，讓貓咪獲得他的零食獎勵，並在貓咪獲得獎勵品的同時給予誇獎（按壓響片）。

4. 上列步驟請重複訓練至少兩次以上，接著從這個訓練課程中跳開，讓貓咪進行幾分鐘其他的訓練課程。

5. 回到這個課程，引導貓咪的頭朝向被你藏在手掌下的零食，只要貓咪有搜尋零食的動作，就可以給予誇獎、按壓響片，並讓貓咪享受他的零食獎勵。

> **穩紮穩打**
>
> 　　將訓練目標分解成幾個小步驟，一項一項逐次進行，是培養趴下或是停留等行為模式的重要原則。不管進行到哪個步驟，都需要將其分解成小步驟，逐項進行指導、逐步提高標準，讓每一次的學習都能順利進行。用這種方式進行訓練，可以讓行為的學習，在短時間內變得更加紮實。

　　你現在可以開始教導貓咪把頭低下，也要在貓咪動作的同時發出「低頭」口令。同其他訓練一樣，在不混淆貓咪的前提下，可以配合其他的指令一起練習。請務必確認你是使用大量正增強的方式，對貓咪進行課程的訓練，正增強能鼓勵貓咪繼續學習，同時延長貓咪的注意力。

你的貓咪會試著尋找地板上的零食。

步驟二：蹲低

1. 引導貓咪嗅聞被你蓋在手掌底下的零食。如果貓咪沒有立刻做出尋找的動作，請用你另外一隻手的食指輕敲地板，然後再移到零食上。

2. 這一次不要將蓋住零食的手拿開，讓貓咪「聞零食興嘆」，直到貓咪確實壓低姿態為止。當貓咪聞到零食的時候，他會嘗試將前肢伸到你的手掌下方，掏出隱藏的零食。

3. 允許貓咪嘗試將鼻子塞進你的手下方，但是還不能將手拿開，在貓咪完全蹲低前，他都只能聞零食的味道。當貓咪蹲低時，請給予誇獎（按壓響片）以及他的零食獎勵。

4. 重複練習幾次，然後試著混雜其他行為課程一起練習。

步驟三：蹲趴，讓肚子碰到地

1. 重複與前面的練習相同的步驟。

2. 等到貓咪確實做出蹲趴的動作，肚子碰到地板後才給予零食獎勵。

只要你的貓咪知道使用前肢或鼻子嘗試碰觸到零食，就可以將零食獎勵提供給他。

步驟四：蹲趴並將前肢往前伸

1. 讓貓咪將前肢伸向你蓋住零食的手掌。大多數的貓咪在這個步驟都沒有問題，因為他們本來就會用這種方式來取得零食。

2. 只要你的貓咪學會用前肢碰觸零食，就可以將你的手掌移開，給予

只要貓
咪做出完
全平趴的動
作（肚子要貼在
地板上），請給予他
獎勵以及大量的誇獎。

誇獎（按壓響片）以及他的零食獎勵。

步驟五：完全趴下，讓肚子碰到地

1. 在貓咪確實做出趴下的動作前，不能給予獎勵，即使貓咪不停地用他的前爪碰觸零食也一樣。

2. 當貓咪確實趴下，讓肚子碰到地，且趴下的樣子也很自在，請給予誇獎（按壓響片）以及他的零食獎勵。

步驟六：放鬆的臥姿

1. 對貓咪下達「趴下」的口令，並且用你的手指往下指示，手勢就如同你在前面幾個步驟，在地板上用來指示隱藏在另一隻手掌下的零食的樣子。

2. 如果貓咪自動趴下了，請給予誇獎，但是還不要給予零食獎勵。

讓貓咪盯著你手中握住的獎勵零食，然後將你的手朝向貓咪肩膀處移動，引導貓咪轉頭。

3. 讓貓咪看到零食，並將零食靠近貓咪的鼻子，驅使貓咪轉頭。當貓咪轉頭時，會將重心移動到身體的另外一側。

4. 當貓咪移動重心到身體的另外一側時，同一側的臀部也會跟著移動，變成側躺的樣子。這時候請給予誇獎（按壓響片）以及他的零食獎勵。

5. 重複進行幾次這個訓練，只有在貓咪確實做出放鬆的臥姿後才能給予獎勵。之後請變換其他的行為課程繼續訓練。

趴下等待

　　了解坐下等待的基本觀念，能讓你在訓練貓咪進行趴下等待的課程時，得到事半功倍的幫助，因為趴下等待不過就只是在貓咪已經學會的

當貓咪在指定趴下的位置表現得很自在，你就可以同時執行等待的指令。

課程中多加入一點新元素。貓咪已經了解你的口令與手勢代表的意思，所以你可以用相同的指令方式，讓貓咪在你指定的地方等待。唯一不同的地方在於，如何讓貓咪回到指定的位置上。

　　如同坐下等待的訓練方式，剛開始時，只讓貓咪在指定的位置短暫停留，等到貓咪對於等待這件事情感到自在隨意後，才能慢慢延長等待的時間。

　　在剛開始進行訓練時，可以妥善使用零食，於貓咪學習趴下等待的期間，將零食放在他的鼻子前方引導他，這樣做可以讓貓咪在原地保持停留。讓貓咪聞到零食，但是不給他吃到，直到貓咪能在指定的位置停

經過一段時間的練習，你的貓咪就能學會趴下等待。

留超過五秒鐘為止。五秒鐘對我們來說好像很快就過了，但是對貓咪來說可是度秒如年。只要你的貓咪能穩定在原地等待，別忘了給予誇獎，好好地鼓勵他一番。

經過一個星期的日常訓練（當然就如同本書書名說的，每次只要十分鐘）後，只要將零食放在貓咪的鼻子下方，應該就足以讓貓咪在定點等待超過三十秒鐘。當然，有時候我們的貓咪可能會有根本不想浪費時間等待的率性表現，請將這個表現當作是你在趴下等待課程中的挑戰。

訓練的時間

如果在訓練的過程，遭遇到貓咪的不合作態度，那麼請停止訓練課程，稍微無視他一段時間，你可以離開做些別的事情，像是整理衣服、到廚房忙碌，甚至去餵食或逗弄另一隻寵物，不得不說，這個作法總是可以順利地將貓咪的注意力拉回到訓練之中。貓咪可是出了名的愛吃其他動物的醋，他們總是希望自己能成為受關注的焦點。還記得我在本書的開頭曾經提到過，訓練貓咪不光只是教會他正確的行為，同時也能讓他每天的生活有所期待，但是也可能幫你製造出一隻「小壞蛋」嗎？當一隻貓咪渴望受到關注時，他的行為表現可能會非常有「創意」。

　　一旦貓咪學會在指定的位置等待超過三十秒以上，那麼你可以在貓咪等待的同時試著左右移動。如果貓咪跟著動了，請用獎勵品與誇獎誘導貓咪回到指定的位置，並保持在位置上不動。如果貓咪依然會移動，那請你停止移動，重新回到貓咪的面前，有時為了更進一步，適時的退一步是必要的。

　　等到貓咪可以穩定地等待不動了，接著就像在坐下等待訓練的一樣，開始嘗試在貓咪的周圍移動。你可以先左右移動，接著繞過貓咪，然後在移動中逐漸拉長與貓咪之間的距離。當然，這應該要用幾天的時間慢慢調適適應，絕對不是只用十分鐘的課程時間就能讓貓咪完成課程的目標。請記得，只要一步一步紮實地前進，自然能讓之後的每一步更加順遂，急功好利只會加深你和愛貓的沮喪感，降低每一次訓練目標的達成率。

　　若是訓練的對象是一隻固執，不願意在指定位置趴下等待的貓咪時，請試著將他抱到可以讓他趴下的位置上，並搭配手勢指令，對貓咪下達口令「等等」。我們在坐下等待的訓練，也曾經使用過這個方式，就是用你的指令手，將掌心朝著貓咪的臉部靠近，期望能讓貓咪產生短暫幾秒鐘的停留時間。當貓咪意識到，只要等待一下就能換取獎勵品之後，就會願意逐漸增加等待的時間。

　　最後請讓我用一句話跟各位互勉，「流淚灑種的人必歡呼收割」。

我們散步去

很多貓咪都喜歡在外面溜達,但是很遺憾的,對於住在都市或郊區的貓咪來說,戶外環境充滿了各種危險。本段分析臺灣的狀況給各位貓咪飼主參考,由於臺灣地狹人稠,車子密度高,很多貓咪若逃家外出,很容易受到車輛驚嚇而回不了家,甚至是發生意外,因此不建議隨意讓貓咪離家外出。但是考量到像是搬家、看醫生、天災、外出住宿等許多狀況,是不得不帶貓咪前往戶外,因此本篇訓練提供各位飼主做為參考,以備不時之需。若是有需要讓貓咪習慣戶外的環境與前往戶外活動,一定要確實讓貓咪穿戴上胸背帶,而且飼主必須握緊牽繩,在一旁引導貓咪移動。這個訓練其實沒有想像中的耗時與困難,只要你在進行訓練課程時,時時留心警惕就可以。

胸背帶

在挑選胸背帶時，我會建議飼主多準備幾款，讓貓咪自己挑選他可以接受的產品。胸背帶有很多不同的樣式，一般比較常見的是上下開洞的 8 字型胸背帶，是典型的貫穿式胸背帶，搭配有固定卡扣。還有一款在貓咪前肢的部分加上綁帶設計的胸背帶，這款胸背帶是最能防止貓咪受到驚嚇，然後從胸背帶中掙脫逃跑的產品。眾所皆知貓咪是逃脫大師，而貓咪的「掙脫術」主要依賴前肢的動作。這種胸背帶也可以簡單調整吊帶的鬆緊度，是作為和貓咪外出與訓練時的首選。

莎莎

在戶外為馬里蘭州樂透拍攝電視廣告時，我為莎莎準備的是腿部背帶，因為有一幕是這隻橘色虎斑貓咪，必須在屋子前方約一步遠的地方趴下等待。這裡不光是他完全不熟悉的地方，同時四周還有很多松鼠和鳥類在誘惑他。此外，攝影機被安裝在一輛推車上，然後整個攝影團隊都在屋子前方的走道上上下下地走來走去。在當時整個現場的狀況下，我絕對無法接受任何讓莎莎脫離牽繩掌控的建議，所以我們使用腿部背帶，並將多餘的牽繩用有重量的盆栽壓住藏起來，然後我在莎莎面前吸引他的注意，而我的一位助理則躲在莎莎的旁邊避免突發事件發生。之後我們設法得到一些廣告拍攝的連續鏡頭，當時莎莎在趴下等待的表現沒有任何明顯的不耐，而且優秀的莎莎也沒有因為周圍的紛擾而分心浮躁，依舊處之泰然。即使攝影鏡頭與攝影團隊的人員在前方走道上來來回回地走動，他依然盡責地遵照我們的指示趴下等待。

在繫上牽繩之前，
請先讓貓咪習慣胸背帶。

在使用胸背帶時，也要注意不同款式在用法上的差異，你可以自由選擇任何一種胸背帶和貓咪一起出門散步，只要確定貓咪無法從胸背帶上掙脫，而且貓咪拚命掙脫時也不會被胸背帶勒住。當然也要注意胸背帶的鬆緊度是否讓貓咪感到不適，胸背帶的鬆緊度建議以能插入一根手指的大小為基準。

胸背帶訓練

一開始，請讓你的貓咪穿上胸背帶在屋子裡自由活動，適應胸背帶的存在，並讓他習慣胸背帶的纏繞與不適感。請務必在一旁密切注意貓咪的狀況，畢竟你我都不希望看到貓咪做出傷害自己的動作。

你可以在貓咪穿戴胸背帶的時候跟他一起進行一些訓練活動，這樣可以讓貓咪知道穿戴胸背帶代表有什麼大事要發生了，很多貓咪也會因此將胸背帶與快樂的訓練時間聯想在一起。而且從戶外回來後，你的貓咪會開心到完全忘掉胸背帶的存在。

當貓咪習慣穿戴胸背帶之後，你可以試著裝上比較輕的牽繩，讓貓咪拖著移動。貓咪一開始可能會玩弄牽繩（畢竟這相當於是貓咪內建的追逐玩具），你則要在一旁確定貓咪不會把自己纏繞成木乃伊。如果你直接配合進行各種行為課程訓練，貓咪很快就會忽略牽繩的存在。

用獎勵的方式讓愛貓習慣胸背帶和牽繩的存在。

牽繩散步練習

　　所有的牽繩散步訓練課程，都應該優先在室內環境下進行模擬練習，避免貓咪受到干擾造成分心，而且一開始你也不需要握住牽繩，讓貓咪自己拖行牽繩。就跟之前進行過的訓練課程一樣，循序漸進是訓練的原則，先從走個一兩步開始，善加安排停止與練習的時間，逐漸增加移動的距離，之後再加上轉彎與改變行進速度等其他變化。

1. 開始練習之前，可以先做一些貓咪喜歡的動作來暖暖身，像是過來、坐下、上來、在兩個物品間互跳等等，帶動氣氛。

2. 當貓咪做完暖身運動之後，讓貓咪過來並坐下。

3. 用一隻手握著貓咪的獎勵品，然後順勢將你的手下放到與手同一側的腿旁邊（選擇哪一隻手都沒關係，只要選定後，在整個牽繩訓練上從一而終使用同一隻手就好）。向前走一步，然後下指令要貓咪跟你一起走。我會使用口令「走吧，走吧」，你可以自由使用喜歡的詞彙，只要記得保持一致就好。

4. 往前走個兩三步，只要貓咪有跟上，就儘量地誇獎他，讓他聞聞你手上的獎勵品。

5. 停下來，給予誇獎（按壓響片），並讓貓咪享受他的獎賞。

6. 重複上述的練習，並在停下來之前試著再多走幾步。

7. 只要貓咪差不多了解這個訓練的模式之後，這次你停下來的同時，下指令讓貓咪坐下，讓貓咪知道停下來時要接著做什麼，也是在教導貓咪等待他的下一個指令。這個步驟是為了延長貓咪的注意力，你必須在貓咪完成一個指令後，立刻接續下一個指令。只要這樣不斷給予貓咪思緒上的刺激，就能逐步增強貓咪的注意力。當貓咪沒事做且感到無趣的時候就會跑掉。

8. 你也可以嘗試將其他的訓練項目加進散步練習中，讓貓咪在路

上趴下，或是跟你一起從這裡跳到那裡等等。改變訓練的方式有很多種，你在課程的變化上愈用心，貓咪就學得愈開心。

9. 當貓咪已經很順利的學會跟著你一起長時間地散步之後，就可以試著改變步調與增加轉彎的項目。

貓咪是極度聰明且生活中需要被有趣的事物不停刺激的動物，若你忽視他們的天性，不把他們的需求當作一回事來滿足他們，你的貓咪自然會自己想辦法的。他們可能會在你切東西、做一些休閒活動，或是做家事時，表演一些他們學會的「行為」來得到你的注意。

課程開始前，先讓貓咪做些簡單的活動暖暖身。

只要貓咪朝前走了幾步，就可以給予他獎勵。

在停止散步的時候讓貓咪坐下，有加強訓練的效果。

經過一個星期的訓練後，你就可以開始掌握牽繩了，然後繼續做相同的訓練。這裡有一個重點要特別注意，就是牽繩的長度要以不干擾貓咪行動為原則，讓貓咪感覺自己跟之前一樣是在拖動牽繩，而不是被你掌控，當貓咪在練習散步時，你也要時時注意避免拉扯牽繩，因為牽繩最重要的目的是為了在戶外能隨時保護貓咪的安全，而不是限制貓咪的行動。

嘗試到戶外走走

在帶貓咪出外散步前，請務必確認貓咪是否已經注射完所有的疫苗，且寄生蟲的預防工作都有做到定位。比起待在家裡，戶外環境非常容易讓貓咪受到細菌或傳染病的威脅，在人口密度高的地方，例如公寓、大廈、社區型住宅等，比起獨棟透天厝或別墅型住

當貓咪已經習慣在有牽繩的狀況下行走後，你就能試著帶他出門散步。

宅，消滅與控制寄生蟲有一定的難度，感染寄生蟲的風險相對更高。若是誤食或吸入其他動物的尿液與糞便，也有染病的可能。還有一個地方絕對要特別注意，那就是在殺滅害蟲與消毒的區域很可能會有意外中毒的危險。你的貓咪可能誤食噴到殺蟲劑的草，或是被毒死的動物屍體。

總而言之，不論你是居住在哪裡，想要帶你的貓咪到哪裡走走，都一定要做好事前的準備，並確實讓貓咪注射最新的疫苗、降低生病或受到感染的風險，若是無法做到，寧可讓貓咪待在家裡避免憾事發生，貓咪的健康與快樂，絕對是你的重責大任。

保持警覺

和貓咪一起出門散步時，你的眼睛請務必隨時盯著貓咪的一舉一動。他是不是有想要啃啃雜草的動作？阻止他！平常在家裡可以準備足量且安全的貓草，減少貓咪出外想要啃咬雜草的機會。他是不是對路上的髒東西，甚至是小動物的屍體流口水？趕快轉移他的注意力，把他帶走！當你們在散步時，要引領你的貓咪避開灌木叢、排水溝和其他你無法輕易進入的地方。貓咪對於黑暗、封閉的地方特別有興趣，因為能帶給他們安全感。他們也會被濃烈的氣味吸引，例如囓齒動物的巢穴或是路邊的鳥類屍體。

不過，在整個外出散步的過程中，你不能將貓咪像是放在一個塑膠大球中，讓他跟外界完全間隔來保護他（如果你認為你就是要這樣做，那根本就

注意散步安全

當你和貓咪外出散步時，一定要時時刻刻注意你的貓咪。突然的意外，像是車子、狗或鳥類都可能驚嚇到你的貓咪，因此一開始可以在比較安靜、郊區的地方進行短暫的散步，循序漸進，直到貓咪即使有牽繩拉著也不會感到排斥。

當貓咪習慣後，可以試著將散步作為日常生活的一部分，讓貓咪每天都有所期待。

沒必要出門），因此在外出散步前，你和貓咪一定要事先做好所有的準備。

在屋內散步與外出散步是完全不同的兩件事情，路上有太多的事物會吸引貓咪，這些誘惑會讓貓咪的心思整個飛到九霄雲外，甚至把獎勵品和自己學習過的訓練課程都遠遠拋開，他會全心全意沉浸在圍繞著他的各種景色與聲音裡。

不要因為貓咪不理會你的指令而感到灰心，給他一點時間適應這個花花世界，多累積幾次經驗，耐心是訓練最大的美德。

慢慢習慣外出散步

請先試著讓貓咪到安靜且有圍欄的地方做第一次的戶外體驗，如果你是住在大型社區的話，像是網球場這樣的地點可以優先考慮，或是在你家有圍欄的後院先試著讓貓咪四處走

> 一開始，可以試著在有圍欄或安靜的地方，像是家中後院或是附近的公園散散步。

走。選擇有圍欄的地點是為了替貓咪的安全做好保險，以免你的貓咪掙脫牽繩，發生危險。等到你的貓咪在戶外環境的表現很穩定且自在，也不會嘗試掙扎逃脫的時候，就可以考慮到其他的地點散步了。再次提醒，一定要讓貓咪慢慢適應，不要突然選擇交通流量高且擁擠的地方。

此外，當你的貓咪隨著自己的想法拉著牽繩四處亂晃時，一般飼主都會直接拉住牽繩，把貓咪拉回來，千萬要改掉這個習慣，因為我們要預設，無論是什麼樣款式的胸背帶，你的貓咪都有本事從中掙脫。所以正確的做法是，親手將貓咪抱起來，遠離他不顧一切想過去的地點至少幾公尺的距離，以親吻和拍擊你的大腿，引導貓咪跟著你一起前進。若是你的貓咪是

散步可以很有趣

當你和貓咪一起外出散步時，務必要時時保持耐心。外面的世界有太多有趣的東西會吸引貓咪，讓跟你外出散步與有趣的體驗間劃上等號，那麼你的貓咪就會愛上散步的時光。如果貓咪已經習慣固定的路徑了，不妨規劃一個新的散步路徑，讓每一次的冒險都充滿挑戰，與你的愛貓一起盡情享受這段旅程吧！

天生的貪吃鬼，用食物來吸引貓咪的注意力也會非常有用。

散步課程的目的，是要讓貓咪跟著你一起行走，而非讓貓咪引領你前進，將這個概念當作訓練的重點，這樣貓咪才能跟你一起自在散步，盡覽途中美景。如果貓咪需要用牽繩控制，在牽拉或鬆弛牽繩的動作上要輕柔，在散步行為的訓練上，大概除了「嗯！」和「喂！」之外也用不到其他文字，更沒有身體上的逞罰手段。逞罰會大大影響訓練的成果，如果在散步的練習上使用到身體上的逞罰手段，你就會看到搞不清楚狀況的傻眼貓咪，呆呆站在那邊不動。

　　再次提醒，貓咪做出任何的行為，都是因為「他很樂意去做」，不然你想都別想命令他。大多數的貓咪都不會特別取悅他們的人類夥伴，所以當貓咪做出任何行為，都是因為「他很樂意去做」。這才是真正的「貓咪的獨立性」，所以說，只有你的讚美與獎勵才能驅使貓咪行動。家貓，孤高的掠食者，在一般狀況下，只會依靠自己的力量獲得能果腹的食物與遮風避雨的居所，不像犬科動物和人類之間，為了彼此的生存而保持著比較有凝聚力的社會型態。

　　請務必確保你們的散步過程充滿樂趣，對你和愛貓來說，散步應該與美好的歡樂時光劃上等號。

沖水馬桶

沒有貓咪學不會的訓練，唯一能限制住貓咪學習力的事物，就是你的創造力。訓練貓咪的方法很多，相信你也常常從電視或電影上看到各種不同面目的貓咪。依照你從本書中得到的訓練知識與進度，我相信你多少也能猜到這些貓咪的訓練是怎麼進行的。說穿了，大部分的貓咪訓練師都是以類似的方式做訓練，不外乎是操作制約、讚美、獎勵品等，可能也會使用到響片。

關於本章節，請各位飼主先有個認知，貓咪是很容易有腎臟與泌尿道疾病的動物，而且貓咪本身除了是掠食者，也是被掠食者，因此天性上會隱藏身體不舒服的狀態，避免讓掠食者發現自己很虛弱而遭到攻擊，也因此，每當飼主發現到貓咪身體出現狀況時，往往都很嚴重了。讓貓咪使用貓咪砂盆，可以藉由上廁所的情形、排尿量、顏色與氣味等，觀察到貓咪的身體狀況，所以希望飼主不要因為一時方便，讓貓咪學人類一樣使用沖水馬桶上廁所。原本晨星寵物館編輯部傾向於刪除本章節，

但有鑑於本章節內很多前置的訓練課程對日常生活有所助益，因此保留給各位飼主做參考。

每一個訓練課程，都能被拆解成比較容易達成的小步驟，將這些小步驟結合起來，就能構成完整的課程目標，我們可以善用這種訓練方式，來教導貓咪學會各式各樣的「把戲」。而且，就如同你在使用本書進行訓練時，從前幾個章節所得到的認知，若是貓咪「想要學習」的話，他們的學習力會比大多數人所想像得還要快。貓咪可以完成任何他的人類夥伴希望他學會的行為課程，只要課程的設計能讓貓咪理解並同時感到有趣，也就是說，貓咪最看重的，其實是這個行為能不能激起他的興趣，貓咪就是這樣的動物！

不知道你是否有注意到，在大銀幕上出現的貓咪明星，通常還會另外安排其他的替身貓咪共同演出？一隻特定的貓咪角色，往往需要八隻以上的貓咪共同擔當演出，這是因為每隻貓咪都有自己擅長的行為表現，要找到一隻八面玲瓏，能針對任何情境回應表演的貓咪實在是很困難，像有些貓咪就是喜歡窩在沙發上發懶，有些則喜歡到處跳來跳去，有些就是特別喜歡炫耀自己學會的把戲，一種罐頭養百種貓咪。

幾乎沒有貓咪無法學習的行為課程，甚至還可以跟其他的「動物演員」一起表演。

所以說，不要因為貓咪不遵守你對於某些「把戲」的教育方針而感到氣餒，他或許就是真的對這個「把戲」提不起興趣，但是相對的，在其他地方一定有專屬於他的表演舞臺，所以不要放棄，多試試幾種不同的訓練課程。如果貓咪的個性是能坐著就不站著，能躺著就不坐著，那你可以教

導貓咪幾種「等待」的課程，像是坐下等待、趴下等待等等；如果貓咪的個性活潑愛玩，那你可以教導他尋回遊戲，或是在不同的東西上跳來跳去；一隻很有行動力的貓咪會喜歡翻滾、在你的腳邊穿梭、敲鐘與攀爬梯子等活動，他也可能喜歡跳上你的大腿或肩膀；若你的貓咪總是表現得很老成，或許親吻他會讓他很享受；若你的貓咪很友善又很「碎嘴」，那麼他在學習依照指令「說話」的課程上，一定能有極快的進展！

一開始請先坐在椅子上，然後拍拍你的大腿，吸引貓咪的注意力。

為活力充沛的貓咪設計的訓練課程

本章節所介紹的各種訓練課程，都是貓咪之前已經學會的各種課程的進階版本，所以在進行本章節的課程之前，請先確定貓咪已經學會坐下、躺倒、等待、過來、坐姿伸展、在不同的物品上跳躍，以及如何遵照指令追尋目標。以上幾種行為，都是本章節的進階課程所需具備的基礎。在進行進階課程之前，請務必確認並加強你的貓咪在基本課程的進度。

跳上你的大腿

只要貓咪學過如何跳上椅子，那這個課程就沒什麼難度了。你只要坐在椅子上，用相同的指令，你的貓咪很快就能心領神會並做出回應。在進行

只要貓咪已經學會「過來」到你輕輕敲擊的位置，那麼他應該立刻就會跳上你的大腿。

多明尼克（Dominick）

　　有一位古怪，但其實人很好的貓咪訓練師，他的名字是多明尼克（Dominick），會在佛羅里達州的基韋斯特夕陽派對（Sunset Festival in Key West）上做表演。他是個很有特色的人，他訓練過的貓咪表現更是令人印象深刻。他每次表演約二十分鐘，大概有三至六隻貓咪會出場，年輕且沒有經驗的貓咪會跟著經驗老到的表演貓咪一起出現。他的訓練方式除了每天將貓咪帶到這個表演環境進行適應之外，也會配合食物獎勵和口語及手勢指令。一旁的觀眾大多聽不懂多明尼克說的話，因為他帶有濃厚的克里奧語口音，但是他的貓咪毫無障礙，能確實地按照他的指令進行表演。對於大多數的觀眾來說，唯一聽得懂的，大概只有多明尼克讓貓咪在腳邊穿梭移動時所說的「快一點」與「慢一點」口令。當他說「快一點」時，語氣會比較愉悅歡快；當他說「慢一點」時，語氣則輕盈柔緩，這樣的語調對那些跳過圈圈、攀在多明尼克胸口陪他奔跑繞場、坐在多明尼克肩膀與觀眾拍照，以及表演在空中抓取食物的貓咪們來說，具有穩定與舒緩的力量。至於這些貓咪是從哪些地方過來成為貓咪明星的呢？其實他們全都是基韋斯特當地的流浪貓！多明尼克給了這些沒有人飼養的貓咪一份工作與關愛。

　　這個課程前，建議穿著能將腿部完全包住的長褲，你不會希望在貓咪爬上你的大腿時，在你的大腿上一併留下攀岩的「痕跡」吧！貓咪喜歡穩定的著陸點，所以一旦被撞到或摔下來，他可能就不願意再做嘗試了，因此請確認你的兩隻腳有穩穩地平踩在地板上，手中也可以順便藏一些零食。

1. 坐上椅子，輕敲你的大腿，對貓咪下達「過來，上」的指令。
2. 如果貓咪躊躇不前，請讓他看到你手上握著的零食，用零食誘導他靠近你。
3. 再次輕敲你的大腿，並對貓咪下達「過來，上」的指令。
4. 當貓咪成功跳上你的大腿後，請給予他誇獎（按壓響片）與零食獎勵。
5. 重複練習至少四次以上，然後將這個課程與其他課程混合練習。

跳上你的肩膀

等到貓咪跳上你大腿的課程表現駕輕就熟了之後，就能挑戰跳上你的肩膀。

1. 一開始先下達「過來，上」的指令，讓貓咪到達比較高的地方，像是沙發的椅背或是矮書櫃的上方。

2. 將你的肩膀移向貓咪，讓貓咪能很輕鬆地搭上你的肩膀。

3. 把貓咪的獎勵零食放在你的肩膀靠近脖子的位置，然後用手指輕輕敲擊零食旁邊的位置。

4. 一旦貓咪成功將手搭上你的肩膀後，給予他誇獎（按壓響片）。

5. 重複練習，直到貓咪可以很自在地將手搭上你的肩膀來換取他的獎勵。

6. 再來，我們要試著增加肩膀和貓咪所站的位置的距離。一開始請以幾公分為單位增加距離，這樣貓咪要搭上你的肩膀還不需要花費什麼力氣，但是他必須整個離開之前所站的位置後，才能得到獎勵。

7. 用幾天的時間進行延長距離的練習，直到你的肩膀和貓咪所站的位置相隔約三十公分左右。不建議讓距離超過三十公分太多，避免貓咪在飛躍上你肩膀時感到害怕。

你可以善用不同的「高處」來進行訓練，建議使用椅背較高的椅子或沙發來取代書架，或是比較穩固平整的物品，例如書桌。每一次在不同的地方練習，對你的貓咪來說都是一次新的冒險。不過這裡還是要再次做個「警告」，這個訓練課程有可能把貓咪變成一個「小壞蛋」。當貓咪想要吸引你的注意時，可能會跳上你的肩膀或背上，要求你跟他一起玩。

用零食獎勵品誘導貓咪靠近你的肩膀。

當你成功吸引到貓咪的注意力之後，請將零食移動到你的肩膀前方。

當貓咪把前肢搭到你的肩膀上時，請保持不動。

裝死與翻滾

　　這個課程必須在你的貓咪能穩定自在地趴下等待後再開始進行，因為貓咪必須在他等待的定點上做出側身翻倒的動作，若貓咪只是蹲低的話是無法進行的。當然，你的貓咪在訓練時的表現也要很放鬆才行。如果你訓練的對象是帶有懶病的貓咪，那這個課程根本就是專門為他設計

的，若你的貓咪整天都有滿滿用不完的精力，這個課程就有難度了，特別是對於那些容易分心的貓咪來說。

用簡單的趴下等待指令開始訓練課程。

同樣的，讓我們將課程分解成一個一個的小步驟，設定幾個比較容易達成的目標，降低課程難度。第一個目標是讓貓咪在他的身邊側倒，並看向他的臀部。第二個目標是讓貓咪躺下後，扭轉身體。第三個目標是讓貓咪翻過身躺下以及裝死，這個時候，你可以同時使用「等等」指令，讓貓咪在指定的位置待機不動，這樣就是「裝死」。接著第四個目標是讓貓咪「翻滾」，誘導貓咪在躺著的狀態下擺動身體。 最後一個目標，是讓貓咪做出完整的翻滾後，在蹲伏的位置結束，並準備好進行下一個課程。

以下分解的步驟給予你做參考：

1. 務必確認你準備的獎勵品帶有足夠的誘惑力，你可以使用一小片冷凍的肝臟、鮪魚、雞肉，或是任何一種會讓貓咪瘋狂

讓貓咪在身體的一側輕鬆移動頭部，獎勵品的位置大概移動到貓咪的肩膀處就好。

的物品。要讓貓咪乖乖地順從你的指令翻轉背部沒有那麼簡單，特別是對於自我意識很強烈的貓咪來說，難度更高，所以一定要確保你使用的獎勵品等級夠高，讓貓咪願意為它放棄自我。

2. 讓貓咪趴下等待。

3. 只要貓咪的目光能追隨零食（目標）看向自己的臀部，就能得到獎勵品。當貓咪的頭部會追隨目標移動時，請給予誇獎和獎勵品。

4. 再來進行練習時，請試著在給予連結工具與

在提供獎勵品給貓咪之前，請儘量增加貓咪朝背後翻身的角度。

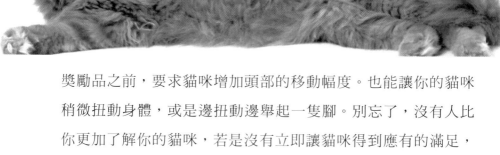

獎勵品之前，要求貓咪增加頭部的移動幅度。也能讓你的貓咪稍微扭動身體，或是邊扭動邊舉起一隻腳。別忘了，沒有人比你更加了解你的貓咪，若是沒有立即讓貓咪得到應有的滿足，他就會傾向逃避完成訓練課程，所以請試著放慢你的訓練速度。

5. 讓貓咪一直跟著零食移動，將零食保持在貓咪的臀部周圍，這樣貓咪就必須挪動頭部，將目光往臀部移動才能看到零食，這個動作可以幫助貓咪在翻滾時保持平衡。

6. 一旦貓咪成功做出翻滾的動作，就給予連結工具（按壓響片或誇

讓貓咪將前肢搭到你的手上，可以幫助貓咪學習以背部翻滾的感覺。

獎）以及他的獎勵品。

7. 試著在進行其他課程練習時，將這個課程參雜進去。

8. 當貓咪已經精通從身體的一側翻滾到另一側的動作之後，就可以訓練他轉身並坐起來。你必須減低貓咪在這個課程中，對於連結工具與獎勵品的依賴程度，直到你下達坐下指令時，貓咪會乖乖跟隨指令坐起來為止。不過在整個訓練過程中，還是可以不斷給予誇獎，鼓勵貓咪。

一旦貓咪成功完成翻滾，大聲地讚美他並給予他獎勵。

9. 這裡有另一個衍伸的進階課程可以讓你訓練貓咪，就是試著讓他多翻滾個幾圈。先從翻滾一次開始，等貓咪上手後，逐漸增加翻滾的次數。只要貓咪確實學會你的指令所代表的含意，學習的速度就會很快。

在你的腳邊穿梭

這個課程可以在你站立不動或行走的時候進行，不過，在剛開始進行課程訓練時，還是建議先從保持站立不動做練習，也請務必確認自己的平衡狀況，避免在行走練習時發生意外。讓貓咪在你的腳邊穿梭，除了能刺激貓咪的身心發展外，也很適合作為炫耀給你的家人與朋友觀賞的表演節目。訓練方式如下：

1. 讓貓咪看到目標物，當他接觸到目標物的時候誇獎他。

2. 將目標物放在你的腳邊移動，並同時下口令「來來」。

3. 只要貓咪追隨目標進行一小段距離，就停下來給予貓咪誇獎（按壓響片），以及獎勵品。

4. 逐漸增加你邁出步伐的長度，並妥善使用連結工具以及給予貓咪的獎勵品，作為貓咪在每一個環節有所進步的鼓勵。按照一般的情況，大多數的貓咪很快就能學會這個課程，當然前提是他的行為課程基礎打得很好。貓咪知道如何「過來」，知道怎麼跟著你一起行走，所以很快就能學會追蹤在你雙腳間移動的目標物。

你可以試著在課程中，穿插在某個位置坐下或是躺下等指令，賦予課程更多樂趣，也可以讓貓咪翻個身、坐姿伸展等等，自由變化。你能夠組合多少種的行為模式，就能帶給貓咪身心靈多大的刺激發展，畢竟

貓咪可不會把耐心全部浪費在一成不變的課程上。

此外，當你開始在課程中練習走動穿梭的項目時，一定要遵照循序漸進的原則，先邁開一步或兩步，等到貓咪習慣課程的模式後，再逐漸增加步數。在課程進行的時候，請務必盯緊貓咪的位置與你的腳步，因為當貓咪在你的雙腳中移動時，你絕對不會希望在自己不小心一個恍神，腳步踏錯時踩傷貓咪，或讓他受驚。

你的貓咪可以在你的腳邊穿梭與磨蹭。

將零食放在貓咪的前方，誘導他從你的胯下穿梭而過。

一旦貓咪成功穿過你的雙腳，就引導他再做一次。

搖鈴鐺

在你的貓咪學會這個課程之後，請記得，若你不希望貓咪搖動鈴鐺時，一定要確實將鈴鐺取下收好。貓咪在這個課程中會學到，只要搖動鈴噹並使鈴鐺發出聲音，就會有「好事情」發生，所以請善加使用貓咪的認知，讓他對這個課程保持濃厚的興趣。對了！你是否真的認為，貓咪是因為遵照你下達的指令而搖動鈴鐺的呢？還是貓咪會用搖動鈴鐺來吸引你的注意，是因為你教導有方呢？還是說，其實貓咪搖動鈴鐺是在指使你聽從他的命令呢？貓咪真的是非常聰明的動物，所以要如何讓人類夥伴做出滿足他們需求的行為，對他們來說是非常簡單的一件事情。這邊稍微提醒一下，有些鈴鐺的邊緣比較鋒利，使用前請事先做好基本的檢查，避免讓貓咪受傷。

1. 先在門把上掛上中大尺寸的鈴鐺。

2. 將一些鮪魚罐頭的湯汁塗在鈴鐺上，用指尖輕輕敲擊鈴鐺，當貓咪過來觀察鈴鐺時，給予誇獎（按壓響片），然後讓貓咪舔掉鈴鐺上的鮪魚湯汁。

在鈴鐺上塗上一些鮪魚罐頭的湯汁，然後把鈴鐺放到貓咪的鼻子上，他就會注意到這個散發出誘人香味的鈴鐺。

以「上來」指令，讓貓咪靠
近鈴鐺並與之接觸。

3. 當貓咪成功搖動
   鈴鐺並發出聲
   音之後，給予
   誇獎（按壓響
   片），然後給
   貓咪一小塊鮪魚或
   其他獎勵品。

4. 一旦貓咪知道搖動鈴鐺就會
   有好事情發生（獎勵品）之後，
   就可以在訓練中加入「搖鈴鐺」的
   口令。在經過幾次訓練課程之後，貓咪就
   會遵照你的手勢與口令 去搖動鈴鐺了。不過
   他可能也會在放飯時　　　　間，或覺得該是時
   候來一點訓練課程的時候搖動鈴
   鐺，當然，貓咪搖鈴鐺也有可能
   只是單純想要得到你的注意。

當你的貓咪主動靠近鈴鐺並嗅聞時，
請給予他獎勵品。

爬梯子

這個課程很簡單,你可以當作是在訓練貓咪學習克服高低差的問題,走到你的身邊。要解決高低差問題,梯子就是他必須熟悉與使用的工具。貓咪天生就是攀爬高手,當他學會如何使用梯子進行立體移動之後,梯子在他的眼中就充滿無比樂趣了。大多數養在農場、住在穀倉的貓咪,會在狩獵閣樓上的老鼠,或是拜訪穀倉的燕子窩時,自然而然且快速學會運用梯子這項工具。而且

將梯子平放在地上讓你的貓咪靠近。

我們都知道貓咪對於高處情有獨鍾,會自己想辦法爬到高處,所以教會貓咪攀爬梯子,可以保護你們家可憐的窗簾,逃離貓咪的攀爬蹂躪。以梯子的高度做為媒介,也相當於是在無意間限制住貓咪,減少貓咪爬到超出你可以接受的高度與位置的機會。

所有的課程都一樣,在開始新的課程

讓貓咪在梯子附近進行一些他學過的行為課程。

為了獎勵品，貓咪會在梯子周圍
尋找零食。

時，就算只是訓練過程做了很
微小的變化，也要依照循序漸進
的原則進行。

1. 將梯子平放在地
   板上。

2. 在梯子周圍隨意放
   上一些零食，每一次只要貓咪找到零食，就誇獎他（按壓響片）。

3. 用幾天的時間，讓貓咪習慣梯子的構造。最理想的方式，是把
   梯子安置在貓咪最常停留的地點，讓貓咪自然而然適應梯子。

4. 在梯子附近進行幾個訓練課程。有些貓咪很快就能無視梯子的
   存在，但其他貓咪需要比較多的時間調適。這個步驟千萬不可
   以心急，否則一旦貓咪對梯子產生戒心後，就很難再次接受。

5. 在梯子附近讓貓咪做些像是坐下，或是趴下等待的訓練。

6. 嘗試使用「過來」指令，讓貓咪穿過梯子。

將梯子直立起來。

用零食引導你的貓
咪登上梯子。

7. 拿一些貓咪的玩具，像是用繩子掛著小紙球的逗貓棒、藏著貓薄荷的老鼠玩偶或是其他貓咪愛玩的東西，在梯子的另一端微微晃動。當你成功吸引到貓咪的目光後，讓玩具順著梯子的階段往上移動，貓咪就會急急忙忙地跟著登上梯子。雖然有些貓咪對食物就是沒有抵抗力，善用食物就能讓貓咪快速學會新課程，但是其他貓咪可能更喜歡追逐與狩獵遊戲。由於爬梯子是屬於特別需要活動力的課程，因此使用玩具當作誘因的效果會比較好。

8. 另一個讓貓咪攀爬梯子的方式，是在梯子的每一個梯面，各自放上一顆零食，這樣貓咪為了得到零食，自然會一步一步地爬上梯子。

9. 接著，讓梯子靠著其他東西立起來，角度不要太大，大約 45 度。這個步驟是要讓貓咪學會在跨過障礙物時，更加謹慎自己的腳步。

逐漸將梯子移動到直立的位置，讓貓咪注意與習慣梯面造成的障礙。

當貓咪登上梯子之後，讓他做伸展的行為訓練。

將梯子搭在其他物品上，角度不用太大，讓貓咪跨過梯子來找你。

為文靜穩重的貓咪設計的訓練課程

雖然穩重、看起來懶懶的貓咪喜歡到處躺，但是貓不可貌相，這一種類型的貓咪也有很多有趣的課程可以進行訓練。除了一些簡單的頭部運動外，並沒有其他需要揮灑汗水的活動項目，所以照道理來說，這些課程都不會打擾到他們的睡眠周期。不過，這些課程也可以讓活力充沛的貓咪學習，同樣能帶來滿滿的樂趣，因為貓

有一些品種的貓咪可以學會依照指令發出聲音。

咪的學習力沒有極限。而且，誰知道總是懶在沙發上的玩偶貓咪，會不會突然搖身一變，成為活潑的野獸貓咪？因為有事情可以做，對貓咪來說非常重要。

依照指令說話

　　這個課程只適用於比較「多話」的貓咪品種。很多東方的貓咪品種，都會用聲音來表達自己的想法，並維持個體間的感情。不過，研究也發現，一般的虎斑貓也會發出聲音來索求他們渴望的東西。像是我家其中一隻叫做克羅克特的大型英國虎斑貓，總是會在我回家，或是他想要找我時，發出聲音呼喚我。他會因為感覺很開心，或是想要進行一些訓練，試著尋求我的注意或是表現出多話的一面。如果我忽視他的揉揉或是喵喵哀求，他就會用一隻前腳搭在我的手背上，「物理」性地強迫我摸摸他。

　　每一隻貓咪都有其專屬的聲音表現，像克羅克特就是「喵可」，我的另外一隻貓──柯薩的聲音則是小小聲地「喵」（所以我幫她取了「小哼」的綽號，她是隻小黑貓公主），還有另一隻貓咪──匹迪，他會發出柔軟的「喵嗚、喵嗚」，考慮到他的巨大體型，再聽到他的聲音，兩相對比下的反差實在令人忍俊不禁。還有我的暹羅貓──

一隻穩定的貓咪可以學會很多課程。

藍莓，他有獅子吼等級的喵喵聲，每次只要他發現我不在房間，就會大聲地呼喚我。如果你的貓咪很喜歡跟你「對話」，不論是要歡迎你回家或是渴望得到關注，都可以嘗試教導他如何依照指令說話。

說話訓練

　　事先準備好貓咪最愛的獎勵品，絕對有事半功倍的效果。不論貓咪因為什麼原因而說話時，都要將他的行為與口令「說話」結合在一起，

並給予獎勵。你的貓咪是非常聰明的，他很快就會將自己的行為與獎勵品連結在一起。不過還是要先給你一個心理準備，這個訓練可能會讓你培養出一隻「多話」的貓咪喔！只要你給予貓咪的任何一種行為獎勵時，都會增強該行為的出現頻率。

如果你是希望貓咪在看到你的指令後，能從碎嘴變成安靜的狀態，那要怎麼做呢？當你的貓咪喵喵哀叫跟你索求時，取消獎勵品的做法是沒有效果的。所以，如果你希望貓咪能安靜，不要再喵喵叫了，這時候就必須想辦法轉移貓咪的注意力。轉移注意力是改善任何不好的，或是你不樂意見到的行為的積極手段。

讓貓咪變成電視兒童，是在浪費他的生命。

廁所訓練

在進行這個訓練時，還是要提醒各位飼主，貓咪是很容易有腎臟疾病的動物，讓貓咪使用貓砂盆，雖然在清理上需要費心，卻是觀察貓咪身體狀況的第一道防線。貓咪除了身為掠食者外，同時也有被掠食者的

將貓咪的貓砂盆放置在馬桶周圍。

用幾個星期的時間，逐漸增加貓砂盆下的書籍，讓貓咪習慣。

當貓咪在這裡使用貓砂盆時，就獎勵他。

在廁所進行一些訓練課程，讓廁所這個地方變得更加有趣。

身分，有隱藏自己身體狀況的天性，避免讓掠食者發現自己虛弱的一面，因此往往飼主發現到貓咪的狀況不對勁時，疾病都已經發展好一段時間了。此外，可能也有飼主發現到家中的貓咪對於「廁所」的興趣比其他地方高，這是因為飼主在上廁所，對貓咪來說就相當於「走進了神祕的房間」，然後消失好一段時間，當飼主出現時，奇怪的房間還會有「似乎很有趣」的聲音，激起貓咪想要探索的心態。因此有些貓咪會在飼主上廁所時亦步亦趨地跟著，看看飼主在偷偷做什麼？結果這樣跟個一兩次之後，反而莫名其妙學會怎麼使用沖水馬桶，所以建議飼主平日養成隨手關上廁所門的習慣。

雖然不建議飼主進行廁所訓練，但是本書作者建議的訓練步驟，依然可以讓各位飼主參考後，轉化至其他生活課程中使用，登上沖水馬桶的訓練，可以轉化至飼主興高采烈買回來，但貓咪卻不屑一顧的貓跳檯；按壓沖水把手的訓練也能轉化為讓貓咪離開貓砂盆時，自動踩踏墊子擦擦腳的行為等等。就如同本書一直強調的一個觀念，你的想像力與創造力有多高端，你的貓咪就能學會多少東西！

讓貓咪使用沖水馬桶，好像是一個很可愛的行為，但是在開始訓練之前，請思考一下，你是否真的願意和貓咪分享馬桶的使用權？特別是家中就只有一套衛浴間的話，你願意嗎？你是否非常討厭有人上完廁所後不沖水？或是剛好相反，你會擔心家中的馬桶成為水費高升的原因？如果以上的問題都會讓你猶豫，那最好還是不要訓練你家的貓咪學會使用沖水馬桶，因為貓咪一旦學會使用沖水馬桶，就很難讓他停止了！

以下為讓貓咪習慣沖水馬桶的訓練步驟：

1. 將貓咪的貓砂盆移動到盥洗室的馬桶旁邊。

2. 在貓咪的貓砂盆上放上一座獨立的馬桶蓋。

3. 用幾個星期的時間，逐漸增加貓砂盆的高度，直到與馬桶同高。貓咪這時候可能會自己走到馬桶上廁所，因為貓砂盆和馬桶間的高度剛好。當貓咪離開馬桶蓋後，或許會想要掩蓋自己的排泄物，所以你可以提供薄薄一層，能沖進馬桶的貓砂讓貓咪使用。等到貓咪學會沖水後，就不用再提供了，因為貓咪會知道水流能帶走他的排泄物。

4. 一旦貓咪開始使用沖水馬桶後，就可以移開貓砂盆了。

等到貓咪學會使用沖水馬桶之後，你就不能隨手關上廁所大門或蓋上馬桶蓋子了，不然很有機會在家中的任何地方發現貓咪留下的「發財金」，或是在你回家之後，看到你的貓咪著急地在你腳邊走來走去，哀求你快開門讓他上廁所，因此還是建議飼主讓貓咪使用貓砂盆就好。

當你的貓咪嘗試使用沖水馬桶時，給予他獎勵。

其他的貓咪也會有樣學樣。

按壓沖水把手

　　訓練貓咪沖水有一個前提，那
就是你家中沖水馬桶的把手很好使
用。現在滿多產品已經改成沖水按
鈕或其他的沖水方式，比起傳統的
沖水馬桶來說比較複雜，按壓的力
道也要比較大，對貓咪來說有不小
的困難度。以下是針對傳統沖水馬
桶設計的訓練步驟：

教導貓咪使用沖水把手，能夠避免你
在使用時看到大量的「發財金」。

1. 先在沖水手把掛上對貓咪
   來說具有吸引力的玩具。
2. 上下擺動玩具，直到貓咪
   抓到玩具，並按壓到手把
   沖洗馬桶。
3. 當貓咪成功沖洗馬桶後，
   就給予大量的誇獎與特別
   的獎勵品鼓勵他。

　　只要在貓咪上完廁所後，用
上下搖晃玩具的方式吸引貓咪，
就能讓他自己學會沖洗馬桶。

掛在手把上的玩具能吸引貓咪按壓沖
水把手。

　　另外一種方式是，採用循序漸進的目標式訓練法。你可以先教貓
咪拉扯玩具（要給予貓咪指令，而不是讓貓咪自己隨興玩扯），或是
直接讓貓咪將一隻腳放到沖水把手上，並確實踩下。這個方法就跟你

在前幾章訓練貓咪的課程一樣，都是使用循序漸進的訓練方式，完成整套沖洗馬桶的課程。

1. 首先讓貓咪用前肢觸碰沖水把手，讓貓咪知道他的目標。

2. 當貓咪主動靠近沖水把手時，誇獎他。

3. 只要貓咪有確實碰觸到沖水把手，給他大量的誇獎（按壓響片）與獎勵品。記住，只要貓咪每一次將前肢靠近沖水把手，都要用連結工具（誇獎）增加貓咪行為的出現頻率。

4. 一旦貓咪學會嘗試使用前肢碰觸壓沖水把手，就給予他熱烈的

教導貓咪給你一個愛的親親。

誇獎、按壓響片與提供獎勵品。

5. 再來你需要教會貓咪按壓沖水把手，所以你必須慢慢教導貓咪
將身體的力量放在前肢上，藉由體重的幫忙按壓沖水手把。

特別提醒，馬桶突然沖水清洗，可能會使貓咪受到驚嚇，瞬間逃開。所以在沖洗馬桶之前，請確定你已經做好預防措施，讓貓咪不會因為受到驚嚇而逃離廁所。每次沖水的時候，只要貓咪還願意待在附近，都要給予獎勵品鼓勵他。在貓咪按壓下沖水手把時給予讚美，在貓咪聽到沖水的聲音時給予獎勵品做為正增強，只要貓咪能順利完成這兩個課題，那麼以後貓咪上完廁所就會自己沖水了。

親一個

很多貓咪都會熱情地輕吻他們的人類夥伴。貓咪是非常有潔癖的動物，並會努力保持他們外觀與環境的整潔，所以那些想要觸摸他們的人，也必須要先讓貓咪確認過乾淨整潔才行。有些貓咪喜歡在受寵愛的時候舔舔讓他龍心大悅的人，這相當於是貓咪們的一種美容遊戲，很類似他們在舔一舔前肢後，再將前肢塗抹在身上的行為。而其他的貓咪則可能是要從你的皮膚上舔舐鹽粒或食物。還有，貓咪也會吸吮在他心中十分重要的人的下巴或耳垂。舔拭對貓咪來說，相當於是一種放鬆的行為，可以表現出情愛與親密的情感，所以不論是要使用食物或是寵愛來做為訓練時的獎勵品，都能有不錯的學習效果。

1. 在你想要貓咪親吻的部位沾上一點點鮪魚罐頭的湯汁，像是嘴唇或臉頰。

2. 用手指輕輕點擊想讓貓咪親吻的部位，並同時給予貓咪「過來」

的指令。

3. 當貓咪靠近時，繼續輕輕點擊，並下達「親一個」的口令。

4. 當貓咪舔舐該處的湯汁時，就給予讚美與獎勵品。

你可以任意改變想要跟貓咪玩親親的位置，像是你的手臂或臉頰，只要善用鮪魚罐頭的湯汁，將其塗抹在你想要的位置上就可以了。

貓咪的問題行為

關於如何改善貓咪常見問題行為的方法，在書店、圖書館，甚至是網路上，到處都充斥著各種各樣的資訊，所以我就不再老調重彈這些內容。不過，我要讓各位知道，對貓咪進行行為訓練，才是改善貓咪每一種問題行為的重要關鍵。請務必要先有一個觀念，那就是針對貓咪的問題行為，絕對沒有什麼速成的改善方法或萬能藥可以使用。一位動物心理學家或許能提出短期的行為改善方案，但是在長期的效果上，不見得可以給予確切的保證。

循序漸進改善貓咪問題行為的方法很多，像是改變你的日常作息，或是在不想讓貓咪靠近的區域使用圍欄等障礙物進行阻隔。由於你正在閱讀本書《十分鐘貓咪訓練》，因此我合理猜測你正在試著尋找一些能快速看見效果，同時效果還能維持很長一段時間的方法。但是很遺憾地，對於貓咪大多數的問題行為來說，這樣的期望有些不切實際。

好乖的貓咪？

不論你在改善貓咪的問題行為上做過哪些努力，終究還是得回歸到行為訓練上，行為訓練絕對不會讓你失望。貓咪看待生活的準則其實非常簡單，就是任何事情都可以用「盡力爭取」與「擺爛不理」這兩種態度應對。所以他們可能整天都很忙碌，也可能整天都無所事事。他們沒有什麼「灰色地帶」的觀念，而且很喜歡用表現來換得關注。因此，當你不在家的時候，什麼狀況都可能會發生。而行為訓練，就是用來改變貓咪的認知，讓他們發現自己在當乖孩子的時候，會比當壞孩子的時候更有趣；在他們有好的表現時，能受到比做壞事時更多的關注。

隨時注意你的貓咪做出正確行為的時機，是最重要的準則。貓咪或許有不錯的記憶力與邏輯推導能力，但是在問題行為發生後再糾正他們，往往得不到預期的改善效果，有時還會引起更糟糕的行為問題。因此，隨時注意貓咪的各種行為，並積極將其轉化成正向的事物，會更加有效果。貓咪們不是笨蛋，他們懂得分析哪些行為能為他們帶來「好康」，並且積極爭取，效果絕對遠勝過你對貓咪打罵處罰的負面反應。如果，平常你都很冷淡無趣，但是某天貓咪做出了某個能夠引起你激烈反應的問題行為，為了持續讓你表現出這個難得的反應，貓咪就會不斷重複做出相同的問題行為。貓咪並不像大多數人想像的一樣獨立，人類在他們眼中，除了是食物分配機之外，也是互動的玩具，所以他們會「訓練」人類夥伴，而且每天還用不到十分鐘。說穿了，他們會做出各種行為，就是為了從人類夥伴這邊得到特別的反應回饋，而且你的各種喜好早就被貓咪們摸透透了。

糾正貓咪的問題行為

那麼我們回到你的問題，貓咪要怎麼知道他的行為需要被改正呢？首先，請先把你人類的一面收起來，在糾正貓咪的問題行為方面，人類的情感沒有多少作用。在貓咪的世界中，沒有鞭打、臭罵、譴責、咒罵

這些東西，所以我們要改用貓咪的語言來取代人類的行為。還記得我們分析過貓咪的情緒嗎？當貓咪憤怒、不滿時，他們會發出嘶嘶的哈氣音與吐口水。當你的貓咪在你最愛的盆栽上釋放身體中帶有味道的廢物時，或是舔拭放在料理檯上忘了封口的奶油時（雖然是忘了把奶油收好的人的問題），你可以試著對他發出嘶嘶的哈氣聲與用水槍噴他一點點水，然後轉身走開，這就是在模仿貓咪發出嘶嘶的哈氣音與吐口水。

當你看到貓咪乖乖地在自己的貓砂盆中享受放鬆時光、在你準備好的貓抓板上磨爪子，請誇獎並給予他獎勵品。當貓咪乖乖地從地板走到其他房間，而不是在書桌或櫥櫃上移動，請誇獎並給予他獎勵品。當貓咪在跟你玩時，沒有用牙齒咬或爪子抓你，請誇獎並給予他獎勵品。

講到這裡，你是不是已經開始對於如何糾正貓咪的問題行為有所領悟了呢？

有很多方法可以用來轉化貓咪的問題行為，若是要訓練貓咪正確的行為，那麼當你不在貓咪身旁的時候，一定要確保貓咪沒有任何做壞事的機會，這一點很重要。舉個例子，若是你每天都必須要出門工作，那麼可以嘗試讓貓咪留在一間他無法做出什麼壞事的房間裡。當你在家的時候，一定要隨時注意，當貓咪有「使壞的行為」時，就用貓咪的語言告知他這樣不行，並引導他做出能得到誇獎與獎勵品的正確行為。藉由訓練

貓抓板不一定非得是塊板子不可，也能是有趣的玩具。

行為的一致性、誇獎與引導，貓咪會逐漸做出更多的正確行為，取代問題行為。

破壞家具

要改善貓咪破壞家具的行為，首先第一步是要確保有提供貓咪足夠的磨爪工具，像是貓抓板，如果一個沒用，那就放兩個。若貓咪是很固執的家具設計師，你可以試著在貓咪抓壞的地方貼上網子、鋁箔或大膠帶，貓科動物普遍不太喜歡這些東西的「抓」感。當你看到貓咪走向家具時，一副想幫自己來個美甲療程的樣子，這時候可以用「過來」指令，引導貓咪走向貓抓板。當貓咪乖乖走過來的時候，就趕快給予誇獎（按壓響片）並提供獎勵品。為了提高貓咪對於貓抓板的興趣，你可以用零食吸引貓咪將前肢放上貓抓板，之後只要貓咪每次將前肢放上貓抓板，務必記得立即給予誇獎（按壓響片）並提供獎勵品。相信不用多久，貓咪就會願意在貓抓板上面磨爪子了，因為使用貓抓板能得到的「好康」比抓家具更多。再過一小段時間，貓咪自然會習慣使用貓抓板磨爪子。

使用貓砂盆

貓咪不愛使用貓砂盆的原因很多，他可能嫌棄貓砂盆不乾淨，或是貓砂盆不是他喜歡的款式等等，這些理由都可能會讓貓咪排斥使用貓砂盆。或是他不喜歡跟其他貓咪共用貓砂盆、貓砂盆跟他的用餐地點太過靠近等等。當你將以上的狀況都排除之後，貓咪卻還是不願意使用貓砂盆，可以試試看以下的訓練方式：

無論如何，你要隨時掌握住貓咪的行蹤位置。當你不在家時，把貓

咪的飼料、水與貓砂盆放置在一個小房間內，吃喝的東西與貓砂盆之間隔開一段距離。當你在家的時候，時時注意貓咪的狀況，當你發現貓咪在錯誤的地方上廁所時，使用貓咪的語言，嘶嘶氣音與噴口水告訴他這地方不行。

在整個訓練的過程中，你一定要不斷地用正增強的方式告訴貓咪，貓砂盆才是正確的排泄地點，使用過來指令引導他，再使用坐下等待或趴下等待的指令讓貓咪待在貓砂盆裡（你沒看錯，在貓砂盆裡也可以做訓練）。

當貓咪在貓砂盆裡時，用不會被他發現的方式注意他（有些貓不喜歡被盯著上廁所），當貓咪在貓砂盆裡上廁所之後，請給予誇獎（按壓響片）並提供獎勵品，使用正增強訓練法可以鼓勵貓咪到正確的地方上廁所。每當貓咪在正確的地方上廁所之後，都要針對正確的行為給予誇獎與獎勵品，這樣能增加貓咪想要表現的慾望。

再來我們要增加即使你不在家，貓咪也會乖乖在貓砂盆上廁所的課程。一樣讓貓咪留在你安排的空間裡，逐漸增加貓咪在你離開家到回到家之間的自由時光。一開始，你可以先到附近商店買個東西就回家，以此類推，逐漸用幾個星期甚至幾個月的時間增加你不在家的時間，直到你可以每天安心外出工作為止。

這整個訓練應該不會占用你每天太多的時間，你唯一特別需要注意的事情就是，當你不在家時，讓貓咪待在有限的空間裡活動，當你回到家時，時時注意貓咪的狀況。還有什麼事情比觀察你的愛貓，以及和他一起遊戲更有趣呢？

在書桌和櫥櫃上移動

貓奴們皆知，主子就是喜歡在高處信步俯瞰眾生，而且在櫥櫃搜尋食物也充滿了樂趣。櫥櫃對於貓咪來說，不只是能滿足他們喜歡待在高處的天性的地方，同時還有機會從中得到「好康」。你是不是又忘了把奶油收好啊？剛烤好的火雞是不是正冒著誘惑的香氣呢？櫥櫃上絕對沒有任何一處能被稱為安全的地方，得以阻止主子的臨幸！

身為「貓奴」，並不是代表你就必須忍受食物的表面沾上主子的毛髮，或是只能吃被主子掌印認證後，賜與給你的食物。你可以嘗試幫這些「登山好手」安排其他的登山路線與休息區，取代他們攻略櫥櫃的活動，而且毫不麻煩。例如：一張安置在窗邊的床就能讓貓咪感到舒適，他不只能攀上高聳的枕頭山，還能盡覽窗外風景。有些貓塔產品的高度設計甚至接近天花板，也是一個讓主子得以登高山而小天下的選擇。

在第四章，我們做過從 張椅了跳到另 張椅了的訓練，這個訓練相當於是幫貓咪在跳躍的天性上另外找到一個宣洩的方式。因為貓咪現在已經懂得遵照指令行動，所以你可以很輕易地用你在第四章的訓練方式，讓貓咪將跳躍的地點改到窗檯或貓塔。再一次證明，只要你能善用訓練的方式，配合指令與獎勵，就能成功轉換貓咪的問題行為。

如果貓咪還是偏愛櫥櫃怎麼辦？用嘶嘶氣音與噴口水告訴貓咪不行，然後用獎勵品，以正增強的方式引導貓咪到正確的地方活動。但是請注意，絕對不能讓這個引導行為變成貓咪得以予取予求零食的行為模式。貓咪是非常聰明的動物，他們會為了得到你的注意而故意學壞，所以獎勵品必須在貓咪的行為確實轉化後才能提供。貓咪絕對不笨，他們

跟笨蛋這個詞彙之間至少有十萬八千里的距離。這就是為什麼你必須要適時地斷開某項訓練，有時參雜其他的課程，這樣才不會陷入貓咪的陷阱裡。建議你每天都可以在不同的時間點進行不同的訓練。

　　隨時注意貓咪做出正確行為的瞬間，不管是什麼樣的行為，並記得獎勵他。

若是想要用訓練的方法讓貓咪離開櫥櫃，只需要讓貓咪學會遵守簡單的指令，就能轉化這個不必要行為。

與我們共同生活的貓咪

在人類的歷史上，你一定聽說過古代埃及人將貓咪當作神一般崇敬，貓咪在埃及受到崇拜的歷史甚至可以貫穿整個埃及王朝。貓咪除了能夠控制囓齒動物的繁殖數量之外，也是重要的陪伴動物以及保護神！所以貓咪被古埃及人作成木乃伊，以陪伴他們的人類同伴一起迎接來生，也能在家庭成員的壁畫上看到貓咪的圖樣。直到現在，貓咪對於人類的重要性絲毫沒有減少，反而愈來愈重要。

農場貓咪

看到在農場野生野長的貓咪，是否會讓你感到難過？先別急著感傷，因為他們也有可能是宇宙中最幸福的貓咪！他們能自由自在地狩獵與玩耍，而且大多數的貓咪都會受到農場主人特別的照顧，包括必要的疫苗接種、寄生蟲預防與獨有的關愛。畢竟有哪一個農場主人會討厭不求工資，盡心盡力驅逐囓齒動物、協助保護農場財產的貓咪呢？這就是貓咪在這數千年來，於人類社會中，一直佔有一席之地的核心因素。當然，一定也會有讓穀倉貓咪自生自滅的農場，這些貓咪確實需要被人認養，遠離原本的生活環境，得到更好的照顧。由於飼主不上心或是無知，造成貓咪野生野長，在農場或居家處所附近任意繁殖、破壞環境與感染疾病，絕對是不被允許的。雖說如此，我還是在世界各地的農場，見過不少幸福的農場貓咪。

大多數的貓咪可不只是家中的「花瓶」而已，在人類的社會中，有很多地方都需要仰賴貓咪的幫助。貓咪不只可以驅逐農場、船隻以及我們家園中的有害動物，還能在人類碰到挫折與磨難時，成為我們度過難關的力量。貓咪可以釋放養老院的長輩們受壓抑的心靈、在電話或門鈴響時，提醒聽障朋友注意。貓咪在人類的社會中不斷接受各種挑戰，並交出各種足以讓我們驚嘆不已的成績單。

從二十世紀後半開始，貓咪大量出現在大銀幕和電視上，他們有趣的行為總是能吸引住人們的注意力，像是迪士尼出品的《看狗在說話：貓狗也瘋狂（Homeward Bound: The Incredible Journey）》，影片中的

農場的貓咪可以得到農場主人滿滿的愛與關懷。

找路返家小隊，除了兩隻狗狗以外，還有一隻暹羅貓，到電影《貓狗大戰（Cats & Dogs）》中那隻想要主宰世界的貓咪等，這些令人驚奇的動物們，總是有辦法操弄我們的情緒。

工作貓

你不必是三角洲社會動物輔助治療協會（Delta Society）或任何動物療法協會的成員，也能讓愛貓為周遭的人帶來歡樂。你只需要先行搜尋自己住家附近有哪些身心障礙福利機構，如果情況允許的話，安排一次機會，帶著你的貓咪到這些機構，讓貓咪表演幾項才藝與機構裡的朋友們分享，一定能為這些機構裡的長輩或生病的人們帶來美好的一天（我敢打包票，即使你和貓咪離開之後，還是會成為機構裡的好朋友們開心討論好幾天的話題）。為這些朋友們帶來美好的一天，相信下次他們一定會熱情迎接你和貓咪的到來。而你不僅為這些朋友帶來歡樂，同時也是在幫他們上一堂關於貓咪的生命教育課程。

在幫人類工作的動物之中，貓咪也佔有一席之地，雖然大多數人都沒有意識到這一點，但是貓咪和狗狗一樣，都能給予人類身體上的幫助。或許貓咪的力氣不足以拉動輪椅，或是協助某些人穩定地站立起來，但是貓咪可以在電話或門鈴響起時給予提醒。貓咪也可以協助拿取比較輕的事物，像是筆、鑰匙或餐具等等。貓咪就跟狗狗一樣，只要給予他們指令，就會努力達成。

認養貓咪

雖然你可以從培育者的貓舍購買到貓咪，但是你或許發現到，認養來的貓咪往往會回饋給你更多的愛，因為他們知道你拯救了他們的生命。而且一些知名的貓咪演員，或是公司品牌的代言貓咪，常常都是認養而來的貓咪，像是知名的貓咪飼料品牌「9Lives」，其吉祥物——莫里斯（Morris）就是一隻認養來的貓咪。

認養貓咪

　　若是你已經在家中飼養一隻貓咪了，有可能你還想再多飼養一隻貓咪來跟家中的貓咪作伴，請務必考慮認養收容所或動物救援組織的貓咪。在動物救援組織或收容所裡，有很多品種貓或米克斯在等待一個溫暖的家，你可以用品種、性別和年紀等條件來媒合認養條件，而且大多數收容所的貓咪也已經做過結紮，可以省下不少功夫。另外，領養一隻貓咪，相當於同時拯救了兩隻貓咪，你不僅拯救了這隻即將要帶回家好好照顧的貓咪，同時也為收容所空出一個空間，容納更多的流浪貓，讓他們得到被好心人帶回家疼愛的機會。

　　大多數的貓咪救援組織或收容所，會特別注意即將被認養的貓咪未來的生活環境，所以會安排志工做領養者居家環境檢查。因為他們在貓咪身上投入了大量的時間、金錢與關愛，當然會希望這隻

所有生活在救援（寄養）家庭中的貓咪都必須學會如何相處，特別是在用餐時間。

藍莓

　　我收養過一隻流浪貓，因為他是身上有藍色斑點的暹羅貓，所以我將他命名為藍莓。藍莓已經流浪了好幾個月，而且就在我一位客戶家的附近出沒。那時我的客戶告訴我，每次他牽狗狗出去散步時，狗狗都會被這隻暹羅貓吸引並分心。因為我一直致力於幫流浪動物找新家的工作，所以就順口問起了這隻暹羅貓的情報。當我聽到我的客戶是如何形容這隻暹羅貓的時候，我的眼睛整個亮了起來。我是跟暹羅貓一起長大的，可是在我成年之後，身邊幾乎都沒有暹羅貓的蹤影，所以我一直希望能找到一隻暹羅貓，更加豐富我的訓練工作。藍莓的出身來自於純種的暹羅貓，結紮過，親人且非常聰明。他只花了五天的時間，就學完其他動物要花上五年學習的課程。

　　跟各位讀者分享藍莓的故事，是要跟各位證明，即使是流浪貓，也絕對可以找到適合你的貓咪，每一隻貓咪都有無窮的潛力。

貓咪能找到一個溫暖且真正有能力照顧他一輩子的家，所以當你在填寫認養申請書時，看到申請書上要求你填入經濟能力或家庭狀況的欄位時，請別太過於驚訝。也要記得跟負責照顧這些貓咪的人多多聊聊，因為他們對於每一隻貓咪的個性都有一定的了解，能給予你各種關於貓咪的實用建議。例如這隻貓咪在玩耍時習慣伸出爪子，所以不適合跟小朋友一起玩，或是這隻貓咪很不喜歡其他的貓咪，所以不適合家中已經有養貓咪的飼主認養等等。這樣一旦你決定要認養的貓咪之後，就能大幅度減少新成員不適應你的家庭的問題，讓你和你的新貓咪能共同擁有漫長且美好的未來。

貓咪展覽

　　純種貓咪通常都會被帶到貓咪展覽上亮相。貓咪展覽上會針對每一個貓咪品種做體態與品種特徵的審查，跟品種狗的展覽很類似。貓咪展

覽也會同時審查貓咪的行為表現，一隻愛亂抓又愛亂咬的貓咪，是得不到評審員的青睞的。而參展的貓咪必須跟貓咪醫師或貓咪演員一樣，對陌生的人與環境有很好的適應力。

　　大部分的貓咪展覽都是由美國紐澤西州，馬納斯寬的美國愛貓者協會（Cat Fanciers' Association；簡稱 CFA）所舉辦，到二O一六年為止，總共承認與制定了四十二種貓咪品種的審查標準。對於美國愛貓者協會承認與制定的貓咪品種資訊，可以至美國愛貓者協會的官方網站（http://www.cfa.org）參考。

為了方便帶貓咪看醫生或外出，在教導貓咪習慣車子的時候，可以加上一些變化，例如讓貓咪摸摸方向盤，好像在駕駛一樣。不過開車時請務必讓貓咪待在外出籠裡，並確實固定好外出籠，不要讓貓咪有機會掙脫或將貓咪放出來，避免干擾駕駛人，發生危險。

貓咪展覽一般會在一個寬廣的室內大型場地舉辦，針對特定品種，分為成貓組、幼貓組、絕育貓組，同時由個別的評審員負責，獨立進行評審。每位評審員都會頒發不同顏色的彩帶作為獎項，給該組別中優秀的貓咪代表，當所有評審都結束之後，得獎貓咪會集合在一起做冠軍評選，選出本次貓咪展覽的前十強。特別要跟各位介紹，美國愛貓者協會

美國愛貓者協會

美國愛貓者協會（Cat Fanciers' Association）簡稱CFA，若是想獲得更多有關貓咪展覽的資訊，可以參考美國愛貓者協會的官方網站（http://www.cfa.org），網站中有更多關於美國愛貓者協會的介紹、貓咪展覽新聞、貓咪品種介紹、貓咪展示、評審標準等資訊。在臺灣每年的寵物展期間，也時常會與美國愛貓者協會合作貓展活動，若是對於貓咪展覽有興趣的讀者，可以特別注意寵物展的相關資訊。

的貓咪展覽中，除了品種貓之外，還有針對非品種貓設立「家貓組」做評審。是的，你沒看錯，每一隻貓咪都可以參加家貓組的評審，因為每一隻貓咪都是大自然獨一無二的藝術品。

貓咪展覽賦予的頭銜

在貓咪展覽上，不用是知名的品種貓也能得到很多頭銜，即使是做過絕育的貓咪也能接受選拔，各個貓咪相關協會組織舉辦的貓咪展覽，各自會提供不同的頭銜，以下用美國愛貓者協會的貓咪展覽做介紹，另外在頭銜積分上有國際分區的差異，詳情一樣可以上美國愛貓者協會的官網查詢。基本上，只要這隻成貓在美國愛貓者協會的貓咪展覽上經過評審，得到六個彩帶的榮耀，就能得到最基本的「冠軍貓（Champion；CH）」頭銜。而「冠軍絕育貓（Premier；PR）」的等

每天與愛貓共同進行訓練，
也是陪伴愛貓的時光。

級跟冠軍（CH）相同，只是專屬於絕育的貓咪。「超級冠軍貓（Grand
Champion；GC）」則是給予擊敗其他冠軍貓咪，累積積分達到兩百分
的貓咪頭銜。「超級冠軍絕育貓（Grand Premier；GP）」的頭銜取得
資格與超級冠軍貓（GC）相同，一樣要累積積分達到兩百分，但是專
屬於絕育的貓咪。「國際級冠軍貓（National Winner；NW）」是等級
最高且最負盛名的頭銜，相當於意味著這隻貓咪是該國家內最優秀的貓
咪。「品種冠軍貓（Breed Winner；BW）」的頭銜與國際級冠軍貓（NW）
相似，但是給予每個品種評審中積分最高的貓咪。「地區冠軍貓
（Regional Winner；RW）」的頭銜給予在該地區積分第一的貓咪。「分
區冠軍貓（Divisional Winner；DW）」的頭銜則是給予特定項目評分
第一的貓咪，例如毛皮的類型或顏色（由於臺灣是採用國際規則，因此
在臺灣參加貓咪展覽得到分區冠軍貓（DW）的頭銜，代表貓咪是在該

國際分區最優秀的，與作者原文介紹的不同）。最後是「優質血統貓（Distinguished Merit；DM）」，這個榮耀是頒發給生育出優秀後代的貓咪，這隻貓咪的後代必須有五隻以上的母貓，以及十五隻以上的公貓取得超級冠軍貓（GC）、超級冠軍絕育貓（GP）或優質血統貓（DM）的頭銜。

看到沒？貓咪的世界何其多采多姿，足以證明貓咪

三角洲社會動物輔助治療協會（Delta Society）

近年來，三角洲社會動物輔助治療協會等組織嘗試將貓咪與各種動物帶進養老院、醫院與監獄。這些動物的光臨，為這些機構內的朋友帶來幫助。只要貓咪一出現，所有受到疾病折磨、因年邁而虛弱，或是憂鬱消沉的人，瞬間就能恢復神采。許多寵物飼主，在搬進社會福利機構時，不得不跟他們心愛的寵物道別。但是事實上，一隻健康的小貓可以給予這些朋友美好的回憶與良好的反饋，反而可以為這些朋友在療養與康復的過程提供不少助益。根據研究，飼養貓咪能幫助飼主降低血壓，延長壽命。

絕對不是只能擺著觀賞或摟摟抱抱的絨毛娃娃，貓咪就像我們一樣，願意為了豐富自己的生命而努力，若是可以的話，貓咪絕對不會選擇整天無所事事，渾渾噩噩地浪費自己的生命。所以，若你只是想要單純養隻坐在一旁陪你的貓咪，那最好還是不要考慮飼養一隻活生生的貓咪，因為你需要的只不過是一隻絨毛娃娃，不用照顧，也不會弄亂家裡，更不會「嘩」的一聲在地毯上亂吐東西。貓咪是有生命、會呼吸、懂思考的動物，他們也有情緒與邏輯學習力。貓咪想要的是有意義的生活！

所以，試著做貓咪的貴人吧！給予你的貓咪發光發熱的機會，和他一起進行訓練課程。

貓咪明星與他們的訓練師

我懂事開始，就在做動物訓練的工作，一開始先是馴馬、家貓、各種奇珍異寵，直到各式犬種。在我訓練過的這麼多種動物中，只有貓咪的自我性格會隨著訓練的進行而提升。狗狗很愛工作，並且特別熱衷於學習能夠取悅飼主的課程；至於馬兒，只接受專屬騎師的指導。但是貓咪很不一樣，訓練貓咪，就好像在他們的心靈識海中開啟了一扇窗，這扇窗能讓貓咪看到各種機會，他們會力求表現，並逐漸將智力提升到愈來愈高的水準以上，讓我看到貓咪充滿的無限可能。

在這本書中，我已經教會各位如何將一隻「宅貓」教育成一隻「小麻煩」。這個「小麻煩」非常熱愛他的專屬訓練課程，所以會一直期待上課的時間。我遇過很多類似的貓咪案例，他們對訓練課程渴望的程度，說得誇張點，幾乎要逼瘋他們的人類夥伴了。我在前面幾篇已經跟各位介紹過幾位有名的例子了。對於這樣的貓咪來說，有一種專門的表演舞臺，非常適合他們發光發熱，那就是成為明星演員！

作者在檢查攝影鏡頭的拍攝清單,而一隻貓咪演員在鏡頭前等待。

貓咪演員

一隻貓咪演員必須具備多種素質,當然,訓練有素是第一要件,還要非常有社交親和力,不論是對人還是其他動物。同時,一隻貓咪演員還必須毫無畏懼、願意冒險、身體健康且上相。

當然,光憑一隻貓咪汲汲營營的努力,是不可能成為一隻成功的貓咪演員,還必須有跟貓咪一起工作的幕後人員共同配合才行。這些人與貓咪之間必須要有良好的溝通,對工作的熱情與特別的羈絆。在錄製各種媒體的時候,容易出現很多吸引貓咪的誘惑,所以貓咪必須時時將目光放在他的訓練師身上。貓咪必須相信他的人類夥伴,才能避免意外與危險發生。那麼這樣的默契要怎麼養成呢?老話一句:付出時間、耐心與獎勵品就對了。

貓咪明星不可能一日養成,可能要經過幾個月,甚至幾年的時間,才能培育出一隻完美的明星貓咪。唯有通過不斷地學習、遊歷與接觸各種新奇事物,才能讓貓咪學會如何快速適應與面對任何狀況的發生。

我的貓咪明星

我的第一份工作位於華盛頓特區的史密森尼學會。凱西・卡福(Kayce Cover)是教導我訓練史密森尼國家動物園裡面的海獅與海豹

的老師，當時他將我的貓咪推薦給一位專門製作表演節目的製作人。這是一個試播的節目，目的在於爭取潛在投資者們的興趣與資金。雖然這個節目最後沒有順利開播，關於我的部分也只有寥寥幾段，但是這個經驗確實改變了我的志向，從那個時候開始，我就堅定了自己想將電視與電影的明星貓咪培育訓練師這條路，當作一生志業的目標。我訓練過很多隻貓咪，其中有幾隻特別令我印象深刻。

快速點擊你的手腕上方，鮑迪就會跟著揮手。

大部分的貓都喜歡在草地上翻滾，請嘗試將貓咪的行為與指令結合在一起吧！

只要貓咪能夠適應戶外的環境，那麼大多數的表演地點都不會有太大的問題。鮑迪是一隻薑黃色的虎斑貓，他正在做趴下的動作，你可以特別看到鮑迪是如何盯著我的手勢指令。

鮑迪正在示範，一隻貓咪要如何在一個充滿誘惑，容易分心的環境（例如戶外環境）中，同時進行「向上」與「揮手」兩項表演。

玲玲

　　我的貓咪玲玲，是一隻帶有紫羅蘭色斑紋的暹羅貓。我已經教會她基本的行為指令與課程，她會跳過圈圈，跳到我的肩膀上，也會撿拾東西。當初會開始訓練玲玲，單純只是因為愛她，所以藉由訓練來跟她培養感情，而玲玲也非常喜歡我安排的訓練課程。節目的製作人希望在試鏡時，能讓貓咪坐在其他人的大腿上，所以當時由正在電視節目中扮演男管家的演員，羅伯特‧紀堯姆（Robert Guillaume）作為玲玲的「坐墊」。最後玲玲得到一千元美金的演出費用。

　　我們在綠色的房間（休息室）等了好幾個小時的時間，玲玲可能有感受到一些壓力，所以大部分的時間都在用喵聲大聲嚷嚷，等到終於換我們上場時，已經過了五個小時，玲玲已經累了，所以就大剌剌地在羅伯特的大腿上睡著了。我想，玲玲在整場試鏡裡，應該只有睜開過一次眼睛吧！但是製作人超愛她的，所以劇組人員一遍又一遍地進行試鏡，卻沒有人去移動玲玲。我好喜歡這種感覺。

　　因此，在一九八三年的時候，我成立了另一個副業——動物明星養成事務所。

　　在一九八五年的時候，玲玲到了彩虹橋。差不多一個月之後，戴維‧克羅克特（Davy Crockett）進入了我的生活。他是我見過最有冒險熱忱、最外向，也是最聰明的貓咪。

戴維‧克羅克特（Davy Crockett）

　　戴維‧克羅克特（Davy Crockett）原本是隻流浪貓，我還記得自己跟他邂逅時的情景。那時候，我剛從一間設立在人山人海的商場中的髮廊中走出來，遠處一隻小貓咪就這樣穿過人群，閃避過一隻一隻的人腿打樁機，徑直朝我而來。他毫不猶豫地走到我的腳邊，站起身來，順

著我的褲管、襯衫一路爬上來，把自己安頓在我的肩膀上，然後一邊呼嚕呼嚕，一邊舔我的耳朵。這隻小貓咪有著灰色與棕色混雜的虎斑毛色，有大大的綠色眼睛、白色的下巴與琥珀色的肚肚。我那時還在為失去玲玲而難過，所以就把這隻小貓咪帶回家了。

克羅克特天生就是外向的孩子。當時我的家中還有飼養兩隻史賓格犬，但是克羅克特一踏進家門，立刻就成為家中最受寵愛的孩子，兩隻史賓格犬完全沒有排擠他，新成員受到大家的歡迎，毫無例外，每個人的心都被他徹底擄獲。從這個新天地開始，即將有新的冒險故事展開，克羅克特天生就是貓咪明星。

有趣的戴維・克羅克特

戴維・克羅克特是我所有貓咪演員中，表現最優秀的一隻。當他感受到壓力時，會把自己的頭埋起來。他可能是覺得，只要自己看不到發生什麼事情，那麼代表沒有事情發生，他也會很安全。在為羅家具（Rowe Furniture）拍攝型錄廣告時，我們沒有太多的適應時間（除非能每天帶貓咪到不同的地方逛逛，不然貓咪至少要一個小時以上的時間來適應新環境）。我們幾乎是被推進工作室，直接開始工作。克羅克特不得不直接在坐著一隻名叫艾克的傑克羅素犬的沙發前方趴下等待。艾克的工作時間跟克羅克特差不多一樣長，他知道不管發生什麼事情，自己都必須要在指定的地點乖乖等待。不過克羅克特似乎認為，貓咪的尊嚴是不容被擺在地板上的，特別是看到有狗狗大剌剌地坐在沙發上時，所以他直接跳上沙發，然後把頭埋在艾克的身體下方。因此你可以看到艾克乖乖坐在位置上，然後身體下方冒出克羅克特的尾巴和屁股。最後克羅克特終於穩定下來，遵照趴下等待的指示，完成型錄廣告的拍攝工作。他只是需要一點時間，調適自己所待的位置比狗狗還低的事實，畢竟貓咪不大願意被別的動物從高處俯瞰。

克羅克特非常上相，在他十七年的貓咪演員生涯裡，他的身影出現

戴維・克羅克特為《國家地理雜誌──貓咪的祕密生活》特刊拍攝的水手服裝照片。

美國虎斑貓──哈克貝利（Huckleberry）自四個月大之後，一直與作者合作。這張是他們在做貓咪藥物的產品攝影工作時，趁著攝影師在指示人類模特兒的空檔，稍事休息的合影。

在許多作品當中。包括幾期《國家地理雜誌》的特刊，其中一本還有刊登出他的三件服裝秀。而克洛克吸塵器（Oreck Vacuum）散發至全國各地的型錄廣告上，還可以看到他和我家的英國古代牧羊犬──拇指姑娘（Thumblina）一起拍的照片。

雖然多數的貓咪演員訓練師，為了讓工作進度更快更順利，往往會幫貓咪安排至少一位替身，但是在跟克羅克特一起工作時，我從來就不需要特別做這些安排。我們曾經在《國家地理雜誌》某次特別拍攝（製作貓咪的祕密生活特輯）的專題活動中，工作了十一個小時。在換景的空檔，他會待在休息室小歇一下，或是四處溜達串門子。但是當工作時間到了，他就會全心全意投入工作之中。由此可知，克羅克特多麼喜歡成為貓咪明星的感覺。

在這個世界上，還有很多位貓咪演員訓練師，我有幸藉由製作本書的機緣，採訪到其中幾位貓咪訓

練師，跟讀者們分享他們是如何在攝影工作上，訓練與掌握每一位貓咪演員的經驗。即使這幾位貓咪演員訓練師，在訓練的前中後期都是使用獨自的訓練訣竅，至少在他們之中都能找到一個共通點，那就是他們「都很喜歡跟貓咪一起生活與訓練」。

葛洛莉雅・薇希普（GLORIA WINSHIP）──甜蜜陽光動物演員培訓中心（Sweet Sunshine Animal Actors）

葛洛莉雅・薇希普（Gloria Winship）一生致力於動物的訓練教育，直到一九九七年，才開始全職投入動物演員的培訓。她只需要十五隻貓咪與非常窄小的空間就能滿足一部長篇電影的需求。這一點，電影《薑餅人（The Gingerbread Man）》可以幫她背書，而這部電影可能也是葛洛莉雅做過困難度最高的一部，但其中的樂趣也吸引著她在這個行業無怨無悔地付出。（根據網路電影資料庫（IMDb）的紀錄，她同時也是電影《奇異博士（Doctor Strange）》以及《海灘救護隊（Baywatch）》的首席動物訓練師）。

葛洛莉雅對於生活的態度，可以從她的兩個座右銘中窺知一二。第一個是「六 P」，也就是「事前做好詳盡的規劃才能避免彆腳的表現（Prior Planning Prevents Piss-Poor Performance）」；另一個是「確實把握住第一次給予他人完美印象的機會」。葛洛莉雅為各種類型的傳播媒體提供動物演員，不論是電視、電影還是平面傳媒。她的顧客不僅對她的演員感到滿意，也對她印象深刻，所以葛洛莉雅無論到哪個地方都能結交到新朋友。也因此，她將自己的公司取名為──甜蜜陽光動物演員培訓中心（Sweet Sunshine Animal Actors）。

　　葛洛莉雅在全美國設立了一個動物演員支援網絡，所以不論她今天工作的地點在哪裡，只要一通電話，立刻就能得到各種動物演員的支援與協助，當然也包含各種跟貓咪相關的工作。在電影《毛骨悚然（Jeepers Creepers）》裡，葛洛莉雅總共提供了三十隻貓咪演員，其中十五隻是她自己的寵物，另外十五隻來自於當地的人道協會。葛洛莉雅的愛貓們，一輩子都陪著她四處旅行與拍攝電影。這些專業的貓咪演員熟悉各種突發狀況，不會因為分心而影響到演出。至於來自人道協會的貓咪們，葛洛莉雅藉由圍繞在貓咪腰部的腰帶與牽繩，教導這些貓咪走到他們的飼料碗旁邊並乖乖坐好，也就是學會聽從指令待在指定的位置上。因為腰帶與牽繩都有配合貓咪的毛色做選擇，所以在電影中不容易看到。

訓練棒是很常用的
訓練工具。

葛洛莉雅的風格

葛洛莉雅深愛著她的貓咪們，她們總是生活在一起，也總是不斷地在進行訓練，她們格外珍惜每一分每一秒的訓練時光。葛洛莉雅認為，給予貓咪社會化的機會愈多愈好，因此她從來不會阻擋任何想和她的貓咪明星們說哈囉的人靠近。葛洛莉雅的貓咪們知道如何分辨工作時間與社交時間，而且十分享受這兩者帶給他們的快樂，所以葛洛莉雅的貓咪們很少被裝進籠子裡。這些貓咪們會在拍攝電影時，在葛洛莉雅暫時居住的露營車中自由活動，或是在葛洛莉雅位於喬治亞州的農場裡，一起在傍晚時，和各種動物陪著葛洛莉雅散步。

每隻貓咪基本上都要學習「過來」「等待」以及「在指定的位置坐好」。至於貓咪的注意力長度則是受到拍攝時間與經驗影響。不過，只要貓咪學會這幾個基本課程，在增加其他動作與技巧時，相對事半功倍。在拍攝時，常常會碰到場景突然變化的狀況，一隻不會受到環境變化影響，注意力集中的貓咪演員，才能被稱為是訓練有素的專業表演者。

葛洛莉雅都是使用食物（特別是鮪魚）與誇獎來訓練她的貓咪演員，有時還會使用響片。平常貓咪們的主食是粗飼料，相對加強了貓咪們對於訓練獎勵品的期待與渴望。因此在工作的時候，葛洛莉雅就會端

獨家訓練祕訣

葛洛莉雅有一個獨家的訓練祕訣，就是「絕對不要讓貓咪在兩個拍攝場景換幕時四處遊蕩」。葛洛莉雅會安排貓咪演員們在「演員休息室」中等待，她希望貓咪能知道，現在是拍攝的工作時間，不要找地方躲起來或四處串門子。這種做法可以讓貓咪將專注力保持在工作裡面，而不是其他事物上面。若是貓咪演員好像快睡著了怎麼辦？葛洛莉雅有一個祕密武器，就是專門用來清理相機鏡頭或是電子設備上的灰塵的攝影工具──空氣槍。瞬間噴射出來的空氣總是能有效吸引到貓咪的興趣。

出牛排與火雞胸肉作為獎勵品。若是她們想讓貓咪看起來昏昏欲睡，葛洛莉雅就會使用火雞胸肉，因為據說火雞肉裡的色胺酸，會使哺乳類動物在食用後感到睏意。若是貓咪大牌嫌棄報酬的賣像不好，獎勵品就會升級為鮪魚，若貓咪還是不買帳，就再加碼送上鮭魚。由於葛洛莉雅的貓咪演員都很熟悉電影拍攝的場景，所以即使沒有一直用食物安撫這些貓咪演員，他們在現場的表現依舊輕鬆自在。葛洛莉雅會在給予食物獎勵前，讓貓咪演員們做一些熱身表演，除了給予食物作為獎勵品，她也會配合使用誇獎。

　　葛洛莉雅飼養的貓咪，大多數都是救援回來的。我們可以特別分享黛西（Daisy）、圖克斯（Tux）和艾克（Ike），這三位貓咪演員從流浪貓到成為貓咪明星的故事。原本他們三位已經被填上人道處置的名單中，因為三歲以上的貓咪不容易找到好人家認養，而葛洛莉雅從一個朋友口中聽到這個消息，趕緊從安樂死的名單中把他們搶救回家。從此以後，這三隻貓咪正式從流浪貓「躍上枝頭」成為貓咪明星，他們在電影《薑餅人（The Gingerbread Man）》《毛骨悚然（Jeepers Creepers）》，以及爆笑頻道（Comedy Central）的《電視遊樂場（TV Funhouse）》節目中，都有擔綱演出。

攝影工作

　　葛洛莉雅最難忘的試鏡經驗，當屬一九九七年，為知名導演——勞勃・阿特曼（Robert Altman）拍攝的電影《薑餅人（The Gingerbread Man）》。葛洛莉雅當時正在跟業務量龐大且客戶遍及海內外的「鳥類與動物供應公司（Birds and Animals Unlimited）」競爭。在等待與阿特曼先生洽談的機會時，葛洛莉雅將她的貓咪安放在等候室的高處，

之後葛洛莉雅與阿特曼先生不得不離開房間討論分鏡以及劇本的細節。在經過幾個小時的討論後，他們重新回到房間，貓咪還是乖乖地在原地等待著，於是葛洛莉雅當場就得到了這部電影的合約。

在整個拍攝的過程中，葛洛莉雅的貓咪只有出現過一次驚慌的狀況，那是因為拍攝現場的燃氣動力風扇突然被打開的關係，在此之前，現場已經有一款比較安靜的電動風扇在運轉。不過氣動風扇在經過開開關關個

貓咪的壓力？

一般情況下，將貓咪直接放在攝影機前方，或是一個新的環境裡面，都會讓貓咪緊張。若是你正好在拍攝貓咪，但是貓咪出現緊張的表現，請先別著急，讓貓咪碰碰你、抱抱你、磨蹭你，給貓咪適應的時間。只要有任何一件事情是喵星人不願意接受的，那麼絕對沒有人可以強迫他們，所以只要你能讓貓咪知道一切都沒問題，不會發生什麼可怕的事情，喵星人就能在很短的時間內調整好狀況。

兩三次以後，葛洛莉雅的貓咪演員就適應了，並重新回到工作狀態。

葛洛莉雅還有一些獨家的訓練技巧，包括儘量在早上拍攝完所有的貓咪鏡頭（貓咪在這段時間點的精神狀態比較活躍），並且引導貓咪四處搜尋，作為拍攝貓咪在鏡頭前穿梭經過的表現方式，葛洛莉雅會將鮪魚藏在比較隱蔽的地方，讓貓咪去搜尋特定的地方。若是碰到拍攝的時間比較長的情況，她會事先安排好相似的貓咪替身。若是一天的拍攝時間長達十二個小時，那她就會加倍安排貓咪演員的數量，確保每一隻貓咪演員都能有足夠的休息時間，又不會影響到拍攝的進度。若只是一天六小時的拍攝時間，葛洛莉雅就會安排兩隻各自擁有獨特魅力的貓咪演員，讓她的客戶自由選擇「順眼」的貓咪。雖然葛洛莉雅常常會提出建議，但是大多數導演與製作人都很樂意採納。

羅伯 · 布洛克（ROB BLOCH）──影音小怪獸公司（CRITTERS OF THE CINEMA）

　　羅伯 · 布洛克（Rob Bloch）所創立的影音小怪獸公司（Critters Of The Cinema），自一九八一年開始，就持續為各大媒體業安排貓咪演員。羅伯早期是與其他影劇動物訓練師共同合作，之後他在加利福尼亞州的墨爾帕克學院（Moorpark College）得到動物訓練與管理學位。羅伯目前是全美國最主要的貓科動物演員經紀人。影音小怪獸公司也是電影演員協會（SAG）、美國電視和電台藝術家聯合會（AFTRA）、卡車兄弟工會 #399 分會（Teamster's Local #399）、加利福尼亞州動物飼主協會（California Animal Owner's Association）的會員。

　　當羅伯還是小朋友的時候，他從來沒有想過要將動物訓練作為未來謀生的事業。羅伯是在紐約布魯克林區長大的，他從小就渴望成為一名運動播報員。他很少幫忙照顧家裡的寵物，也不愛跟動物們打交道，直到有一天，他遇到了一位女飼主，而這位女飼主的杜賓犬有些行為上的問題，所以跟羅伯請教了一些訓練的建議。羅伯依照自己的經驗給予女飼主建議，而且這些建議還很有幫助，所以女飼主建議羅伯可以往動物訓練師這個行業發展。由於羅伯當時對於未來要發展的方向還很迷茫，所以就接納了女飼主的建議。羅伯花了很多年的時間為其他的動物訓練者工作，像是系列電影《班吉（Benji）》的訓練師，法蘭克 · 印（Frank Inn）、卡爾 · 米勒（Karl Miller）與《史提夫 · 馬丁的野外生活（Steve Martin's Working Wildlife）》。因為不想進入同質市場，所以他自己創辦了動物演員培訓公司──影音小怪獸公司，以培訓家庭寵物為主。

　　羅伯製作過的作品，包含貓咪飼料廠商普瑞納旗下的喜躍（Friskies）

以及珍喜（Fancy Feast）等廣告。從一九九六年開始，羅伯逐漸有了固定合作的顧客，像是經典的行銷作品《來點牛奶？（Got Milk？）》，由一位老婦人與她的貓咪們共同演出（在 Youtube 打上關鍵字就可以找到這個影片）。他也參與過很多電視影集的製作，例如《銀河飛龍（Star Trek：The Next Generation）》，還記得影集裡，整張臉都被塗成白色的生化人──百科（Data）嗎？他在企業號星艦上飼養的橘色虎斑貓──小斑就是由四隻貓咪擔綱演出的。其他還有《霹靂警探（Hill Street Blues）》《CSI》《杏林春暖（General Hospital）》《小女巫莎賓娜（Sabrina）》《飛越比佛利（90210）》《大學生費莉希蒂（Felicity）》等等。而他參與過的劇情片有《馬路羅曼史（Poetic Justice）》《玩具之父蓋比特（Geppetto）》《Three of Hearts（港譯：三個戀戀的心）》《一家之鼠（Stuart Little）》《女狼俱樂部（Coyote Ugly）》等等。

羅伯為奧克拉荷馬州的一間商店製作過很有趣的廣告，他讓貓咪演員們套上輓具，拉動狗狗雪橇。這個廣告需要至少六隻貓咪演員共同表演，而羅伯一口氣安排了十五隻，這樣貓咪演員累了的時候，就可以隨時換手。拍攝這個廣告需要一些特別的訓練技巧與較長的工作時間，羅伯很慶幸自己有事先多安排幾位貓咪演員來到現場，因為當天他的主角，貓咪阿布（Boo）臨時發起大牌脾氣，拒絕工作，所以緊急由貓咪路華（Rover）與貓咪博德（Bud）接替貓咪阿布，站上「領頭貓」的位置。雖然從影片上看起來，好像所有的貓咪都真的有在賣力拖拉雪橇，事實上，六隻貓咪裡只有五隻在拉（而且這五隻演員貓咪也不過只是在執行「過來」的指令，演出「拉動」的動作），還有一隻只是單純的走動而已。羅伯開玩笑地說，要是再有幾隻貓咪就真的能拉動雪橇了，但事實上，這些貓咪演員使出的洪荒之力已經足以移動雪橇。

訓練團隊

羅伯與他的訓練師團隊，每年都會與喜躍（Friskies）貓咪團隊的知名貓咪訓練師——凱倫・湯瑪士（Karen Thomas）一起在全美各地，舉辦超過二十場，每場約三十分鐘的貓咪表演。在表演的時候，原則上一隻貓咪演員至少會搭配兩位訓練師。當然，配合的人數與貓咪比例也會按照現場的需求與狀況做機動調整。像是如果一次上場表演的貓咪演員數量太多時，羅伯就會採

> ### 影音小怪獸公司
> ### （Critters of the Cinema）
>
> 在影音小怪獸公司的官方網站上（www.crittersofthecinema.com），放置了所有羅伯旗下的動物演員的照片與介紹，你可以找到羅伯旗下所有貓咪演員的資料，有些貓咪演員可能還有兩三隻以上長相相似的夥伴。

用一位訓練師專門負責一隻貓咪演員，再加上一位額外人力的方式做配合。若貓咪只是預備演員，或是出場的時間有分別錯開的話，一位訓練師就可以顧及五隻左右的貓咪演員。

羅伯團隊裡的貓咪演員來自五湖四海，有來自專業培育人員的貓咪，也有來自貓咪收容所，或是洛杉磯當地報紙上刊登的小貓領養廣告。但是具體來說，還是要看羅伯的團隊主要在找尋哪一種類型的貓咪演員。羅伯的旗下擁有八十六隻以上，訓練有素的貓咪演員，其中滿多類型的貓咪演員都有兩隻，甚至三隻以上相似的夥伴。主要是為了因應長時間的攝影工作，另外就是，某些相似的貓咪演員之間，會有各自擅長的表演領域，可以適才適所交換拍攝。

羅伯在尋找值得培訓的貓咪演員時，會需要仔細評估貓咪的性格與外表。一隻貓咪演員必須兼具外向、有自信與上相這三個要點。他也會

選擇看起來一模一樣，但是其中一隻比較慵懶，另一隻則有優異活動力的貓咪演員。他有多達七隻左右的黑貓（為了拍攝影集《小女巫莎賓娜（Sabrina）》所挑選的組合），以及七隻橘色虎斑貓，與三隻黃色眼珠的白貓。

所有羅伯・布洛克的貓咪演員，都是使用食物獎勵的方式進行訓練，而且這些貓咪演員都有踏實的基本課程基礎，例如過來、坐下、趴下、等待等等。除了主要在舞檯表演的貓咪演員以外，這些貓咪演員不用每天工作，就像喜躍（Friskies）的貓咪演員們。當貓咪演員沒有工作的時候，就會幫他們安排訓練課程，平均每個星期進行一次，若是有表演工作，每天就會加強練習兩至三次。當有特定的表演需求時，會再另外增加訓練的時間。由於每個工作的挑戰項目都不同，貓咪演員與訓練師都能保持動力。羅伯也承認，自己很容易因為一成不變而感到無聊，所以他喜歡每天在不同的地方做不同的工作。

羅伯的攝影工作

從開始拍攝影片，到劇組人員完成一整天的攝影工作為止，羅伯會善用空檔時間，儘量讓他的動物演員們有機會體驗拍攝現場的氛圍。羅伯認為，讓動物演員多多感受各種不同的劇場氛圍，有助於幫助他們在未來的工作上表現得更好。所以，有些時候羅伯也會把沒有出現在影片中的動物演員帶來片場，讓這些動物演員累積各種形式的攝影經驗。

身為專業的動物演員經紀公司負責人，羅伯當然會盡力滿足客戶的各種需求。不過，大多數的攝影工作都會碰到同樣的問題，那就是常常會在最後一刻，臨時增加動物演員的演出項目或是變更攝影的角度。其中有一件非常容易讓動物演員不開心的情況（對大多數動物演員的訓

攝影的壓力

我曾經製作過一部政治廣告，堪稱是我這輩子做過最困難的影音作品。在拍攝的前五天，我接到一通需要十一隻貓咪演員與一隻狗狗演員的電話。當時製作人跟我保證這是非常簡單的一幕，只需要讓貓咪演員們坐在圍繞著辦公桌的椅子上，然後狗狗演員坐在辦公桌的首位上就好。但是我心裡明白，一切都只是「說起來」簡單！首先是我沒有事前準備的時間，要讓貓咪演員執行一個行為要求，至少需要花費數個星期到數個月的時間做訓練，要想一次讓那麼多貓咪演員乖乖坐在位置上十幾秒鐘，根本就是不可能的任務。結果就如我預見的一樣悽慘。當然，狗狗演員的表現可圈可點，但是貓咪演員們不是互相打來打去，就是嘗試到處找地方躲起來，不然就是因為壓力的關係，躺在一邊喘氣。幸好有幾隻貓咪演員表現出他們的專業度，沒有受到現場的狀況影響，乖乖遵照指令演出，救了這部廣告。這幾位貓咪演員乖乖待在指定的位置上，在其他演員念臺詞的時候共同互動演出。我想，這部廣告帶給我的壓力絕對比貓咪還大。

練師來說也一樣），就是幾乎沒有製片人理解，對動物演員的訓練師來說，了解拍攝分鏡的每一個細節有多麼重要，動不動就遺漏這些重要的信息，會大大影響貓咪演員的表演呈現。由於缺乏重要的細節資訊，即使是單純點到點的行為也是困難重重。還有一些可能看起來像是小事情的設定，例如增加慢跑的人、拍攝現場周圍的交通狀況、物品表面潮濕等等，只要貓咪演員不習慣這些設定，就一定會影響到貓咪演員的表現。因此，為了修正這些狀況，現場就不得不做些改變，甚至是刪除場景設定。幸好，近年來，愈來愈多攝影公司會注意到動物演員在生理與心理上的侷限性，願意為其改變攝影環境，讓動物演員能盡情演出。

對羅伯來說，最重要的訓練訣竅，就是讓貓咪演員對任何事物都提前做好準備，甚至還要設定一些平常不太會碰到的狀況，讓貓咪演員早期接觸，早期適應。畢竟，沒有人能保證在攝影時，下一秒會發生什麼突發狀況。

凱倫・湯瑪士（KAREN THOMAS）

凱倫・湯瑪士（Karen Thomas）在影音小怪獸公司服務超過十二個年頭。她從一九九六年開始，與喜躍（Friskies）貓咪團隊共同生活與工作。凱倫和她的助手們在全國各地的貓咪展覽會上演出，以各種訓練表演，讓人們感受到貓咪有趣的一面。凱倫也有參與其他影音作品的製作，例如電影《一家之鼠（Stuart Little）》《艾德私人頻道（Ed TV）》，以及電視影集《銀河飛龍（Star Trek: The Next Generation）》與《大學生費莉希蒂（Felicity）》。

替身演員

凱倫・湯瑪士（Karen Thomas）在電影《一家之鼠（Stuart Little）》中，作為劇中演員——貓咪小白（Snowbell）的訓練師，她一共安排了六隻貓咪演員來詮釋這個角色。有的貓咪演員擅長靜態的等待表現、有的擅長動態的行為表演、有的擅長在不同的物體間跳躍、有的喜歡在房子裡橫衝直撞。在長時間的電影拍攝中，也要適時的調度貓咪演員交換退場，以給予他們足夠的休息時間。這些貓咪演員都是因為他們獨有的表演專長，而被挑選成為電影明星，就如同我們人類世界所謂的「術業有專攻」，不是所有人都能成為全知全能的個體，所以我們會在日常生活中執行自己擅長的工作，或是接受各種教育訓練來提升專業度。

凱倫擁有動物學的學位，而且自願成為動物園的管理員，跟動物們一起工作。雖然凱倫一開始是希望能跟「大型貓科動物」相處，但是她對一般家貓還是無法忘懷。凱倫的專長在響片訓練上，所以她主要是以響片來訓練她的小貓咪團隊。凱倫認為，當動物在學習新的行為課程時，將指令與響片相互結合，能有效提升動物的學習速度。

明星與練習

和大多數的貓咪演員一樣，凱倫會藉由觀察貓咪是否有適合攝影工作的親人性格，以及常見的外表特徵，例如虎斑或特定的品種，來挑選她的貓咪明星。她喜歡挑選各種能力不同的貓咪，其中一隻貓咪用來詮釋劇中角色活潑好動的表現，另一隻貓咪用來演出劇中角色電力耗盡的狀態。甚至是讓能力相近又精力滿滿的貓咪演員輪番上場演出，這樣疲累的貓咪演員就可以下場休息。

保持親密互動

訓練你的貓咪，是一種在你和貓咪之間保持親密互動的手段。凱倫・湯瑪士認為，每個人每天都應該撥出十分鐘的時間和愛貓一起進行訓練課程，賦予進行訓練課程時，一起共度的時間，特別的意義。這樣不僅能讓你的貓咪更加快樂，也能為你舒緩煩憂。每一位飼主都應該盡心盡力協助愛貓發展心智能力，讓愛貓更長壽、更健康。

凱倫為了演藝事業工作，用一年以上的時間訓練她的貓咪演員。因為這隻貓咪演員必須能夠接受長途旅行，時不時被留置在陌生的地方，並對於各種類型的環境有良好的適應力。這都需要長時間的訓練，才能讓貓咪提升自己的極限。凱倫希望貓咪也能樂在其中，因此積極的正強化訓練、對於每一個貓咪個體的了解，以及充足的耐心，這三點缺一不可。

亞瑟・哈洛提隊長（CAPTAIN ARTHUR HAGGERTY）── 哈洛提的明星動物

亞瑟・哈洛提隊長（Captain Arthur Haggerty）已經記不得自己在動物演員這個領域耕耘多少年頭了。哈洛提隊長是被狗狗展覽會勾起訓練寵物的興趣，中間經歷過專責第二十五步兵團的偵查犬排，一直到在紐約組建

自己的狗狗訓練與動物演員公司，哈洛提隊長給大多數的動物訓練師帶來很大的影響。雖然哈洛提隊長的業務範圍主要是教導狗狗和他們的主人，但他也同時進行解決貓咪行為問題的訓練，並指導貓咪們成為動物演員。

哈洛提隊長非常喜歡訓練貓咪，因為大多數的人都認為貓咪不可能接受人類的訓練。他參與了第一隻知名貓咪飼料品牌「9Lives」的吉祥物──莫里斯（Morris）的廣告製作。在出演這個廣告之前，這隻原本在街頭流浪的橘色虎斑貓，也有在畢·雷諾斯（Burt Reynolds）的電影《旋風大神探（Shamus）》中尬一角，在電影中可以看到這隻貓咪漫步在畢·雷諾斯於劇中當作床鋪使用的桌球檯上。這些貓咪的拍攝工作由哈洛提隊長和他的助手鮑勃·沃爾特威克（Bob Martwick）負責。而鮑勃·沃爾特威克目前專職為「9Lives」公司照顧莫里斯與他的替身演員們。

哈洛提隊長在拍攝作業中所安排的貓咪演員，大多數都是聘僱自專業訓練師所訓練過的貓咪。這些貓咪主要都是寵物貓，有著健康的體魄。有時候哈洛提隊長也會從收容所中領養適合劇中設定的貓咪，並在拍攝結束後，幫這些貓咪尋找並安置在能照顧他們一輩子的家。

獨家訓練訣竅

貓咪明星一般有幾種基本動作是一定要學的，例如坐下等待、趴下、站立，以及在接收到指令或感到害怕時，回到指定的籠子。活生生的老鼠通常會用來吸引或分散貓咪的注意力，當一隻貓咪演員表現出懶散疲倦的樣子時，一隻活生生的老鼠立刻就能讓他們的眼睛再次閃耀出光芒，他們也會同時轉動耳朵，朝向目標，專心追蹤老鼠的聲音（老鼠被關在籠子裡，而不是放在貓咪明星旁邊）。

要拍出預期的畫面，除了強化訓練以外，適當的處理技術也是很重

一隻訓練有素的貓咪，即使是在充滿誘惑的戶外空間，也能在指定位置上等待，不會受到干擾。

獨家訓練祕訣

　　哈洛提隊長喜歡使用「自然」的訓練強化工具（例如用他的聲音與撫摸來塑造貓咪演員的行為表現）。他也會使用「溫度」作為工具，眾所皆知貓咪喜歡在陽光下發懶，享受日光浴，所以當貓咪心情不好，或是想要擁有一點點私人的隱私時，一個溫暖的籠子格外容易吸引到貓咪的目光。哈洛提隊長不太信任響片、蜂鳴器或是任何會發出聲音的工具，就他的經驗來說，這些聲音太過於明顯，對他的工作來說不大適合。

　　要的。哈洛提隊長藉由經驗的累積，知道如何進入攝影師的思考領域，評估攝影的角度與影片的製作方向，取得導演想要呈現的畫面。他相信，這種知識的重要程度遠超過專注於訓練的強度，有很多方法可以取得想要的攝影鏡頭，而不用特別拖慢攝影的進度，花上幾個小時、幾天、甚至幾個月的時間準備。

　　舉例來說，若是想要拍攝貓咪說話的動作，他會使用角鯊烯（鯊魚肝）來讓貓咪舔舔嘴唇或動動下巴。在大多數的情況下，影片的拍攝重點只會在於畫面的呈現結果，而不是如何呈現畫面的整個過程。因此，在處理畫面技術上的創造能力，可以進一步提高貓咪訓練師在影片製作團隊眼中的價值。

　　哈洛提隊長在與貓咪演員一起拍攝影片時，有幾個原則。第一個是，每一隻貓咪演員都要至少搭配兩個人負責掌握，若是要在戶外拍攝，那就必須將負責的人數增加到至少四個人。因為人們永遠不可能知道貓咪什麼時候會突然心血來潮，去追趕一隻鳥，或是跑到大馬路上，而且也必須有足夠的人手時時

注意盯著，才能確保貓咪演員的安全。他還會仔細詢問導演和攝影師，關於攝影角度的安排，並思考這些畫面要如何呈現，以及貓咪演員必須表演的動作。一旦他確認貓咪演員在特殊的攝影角度下，或是拍攝現場的安排下，無法做出預想的攝影動作，那麼他會特別與導演針對這個問題進行協調，並提出其他的建議來完成攝影畫面的需求。

在進行攝影工作時，最常碰到的一個大問題就是，拍攝前已經告知過貓咪演員要進行某種特別的演出，但是上場時，表演的動作卻臨時被修改或整個換掉。對於很多貓咪演員訓練師來說，臨時修改演出的動作實在是很令人頭大的一件事，因為他們花了很多時間為攝影作準備，並針對貓咪演員的表演進行過特殊的訓練。哈洛提隊長總是能想到辦法解決這個狀況，他使用的方法包括改變攝影機的角度，或是將一段長時間攝影的場景，切分成不同的小片段單獨拍攝再結合。他也會善用老鼠或貓咪玩具作為誘餌。他大多數的貓咪演員都有做過回到籠子內的訓練，所以若是需要拍攝貓咪從 A 點走到 B 點的畫面，哈洛提隊長會讓助手將貓咪演員帶到起點等待，然後將籠子放置在終點，這樣貓咪演員在導演下達「Action」的指令後，就會乖乖地順著設定好的路線走回籠子。

薩曼莎·馬丁（SAMANTHA MARTIN）── 薩曼莎的驚奇動物公司（AMAZING ANIMALS BY SAMANTHA）

薩曼莎·馬丁（Samantha Martin）從小就立志要從事和動物相關的工作，她是二技畢業生，擁有畜牧相關的學位證書。之後，她做遍了所有跟動物有關的工作，像是獸醫院、寵物店、動物園和幾所動物演員培訓公司等等。在芝加哥的「動物王國」工作期間，她曾經舉辦過假日貓

咪展覽會，受到現場人群的熱烈回饋。也是因為這個契機，讓她迷上了貓咪訓練，以及為現場群眾與各種媒體進行貓咪表演。

其實，薩曼莎的驚奇動物公司（Amazing Animals By Samantha）最初是以切入專業寵物演員的利基市場開始經營，提供訓練有素的囓齒動物演員給製片公司。隨著薩曼莎的公司逐漸成長，她也開始將經營層面延伸到主流動物演員，像是狗狗。目前，她的公司已經培育出十三隻訓練有素的貓咪演員，這些貓咪演員都住在薩曼莎的家裡。

薩曼莎所有的貓咪演員都已經學會坐下，坐姿伸展，過來與到達指定地點等基本課程。而且有些貓咪演員還學會了進階的課程，像是翻滾、彈鋼琴、在不同的物體上跳來跳去，以及跳躍過圈圈等等。薩曼莎認為，她所有的動物演員，都必須具備可以滿足導演與製片人一般需求的表演技能基礎，唯有如此，她的貓咪演員才能在各種場景裡自在發揮。

薩曼莎的訓練方法包含響片、蜂鳴器與獎勵，還有大量的誇獎。當攝影工作需求的貓咪演員數量比她安排，或是旗下的某些種類貓咪還多時，她也有專屬的貓咪明星人脈網絡，可以聯絡跟她合作過的貓咪飼主，從當地找到能上場的貓咪演員。

薩曼莎比較喜歡和男性貓咪演員一起工作，因為在面對新的場景時，這些貓咪的表現普遍自在悠閒，不太會有情緒化的狀況。雖說如此，在薩曼莎合作過的貓咪演員中，她認為表現最好的是一隻名叫卡拉（Tara）的女性俄羅斯藍貓演員。卡拉所展現出來的表演慾望，跟其他與薩曼莎合作過的貓咪演員們截然不同。

獨家訓練祕訣

這是薩曼莎給予想將愛貓培育成貓咪明星的飼主們的獨家祕訣，那就是，不僅要確保貓咪有受過專業的訓練，也要加強貓咪的社會化體驗。在貓咪進行任何一種表演之前，都應該要讓貓咪多多經歷體驗各種不同的地方、人物和其他動物。

薩曼莎接的大多都是靜態的攝影工作，她的客戶有美士狗食（Nutro Max）、愛慕斯（Iams）、好抹擦・洗樂盟（Hammacher Schlemmer Catalog）、蒙哥馬利・沃德（Montgomery Ward）以及敏樂蔻（Miracoat；維生素營養品）等等。但是她也有幫旗下的貓咪演員接下不少電視廣告，像是海灣家具（Old Bay Furniture company）與ＩＢＭ。不過，由於薩曼莎住在美國的中西部地區的關係，要為她的動物演員爭取拍攝電影的機會比較有限。

在貓咪演員與訓練師的配合上，薩曼莎比較偏好兩位訓練師搭配一位貓咪演員。因為薩曼莎堅決相信，由兩位訓練師盯著一隻貓咪演員，視覺死角會比單單一位訓練師少，相對可以擴大安全區域的範圍。而且，她只允許會與貓咪演員一起進行演出的人類演員跟貓咪互動，這樣貓咪演員才能在諸多誘惑的狀況下，將注意力整個保持在薩曼莎的身上。

安・格登（ANN GORDON）── 安妮動物演員培訓中心（ANNE'S ANIMALS FOR FILM）

安・格登（Ann Gordon）培訓動物演員的經驗已經超過十七年之久，在這段時間裡，她製作了超過五十五部劇情片，二十八部電視電影，四十一部電視劇、數百部電視廣告和平面廣告。雖然她也有提供馴狼、馴馬，各種農場與異國的動物演員服務，但她大部分的培訓對象還是在狗狗與貓咪身上。位於加利福尼亞州的好萊塢，為她帶來巨大的財富，也讓她的安妮動物演員培訓中心（Anne's Animals For Film）得以成長擴張。

安的事業發跡於位於西雅圖的林地公園動物園（Woodland Park

Zoo），那時她在動物園的職務是動物管理員。一開始，她負責非洲大草原地區的有蹄類動物。在升職之後，她對於訓練與照顧大型貓科動物產生興趣。 當時動物園正在進行一項育種計畫，並將計畫所培育出來的動物後代轉賣給其他機構。在一隻小獅子被賣給加利福尼亞州的某間機構之後，安也隨著他們，一起走進了動物演員的電影世界。為了面對培訓動物演員的挑戰，安回到她在美國太平洋西北地區的家，並創立了自己的公司，為各種具有教育意義的場合提供動物老師，安可以說是創立了一所「移動式動物園」。跟大多數的動物演員訓練師一樣，安喜歡把握每一個機會，做各種各樣的嘗試，一直重複乏味的工作不符合她的性格。

不過安日前已經賣掉了動物演員的培訓公司，成為自由的動物訓練師。她與先生一起住在巴拿馬，在當地提供深度旅遊導覽與賞鯨行程。安也是受過認證的海豚能量治療師，在保育鯨豚上持續貢獻自己的力量。

貓咪的名氣

雖然安在跟貓咪演員一起合作拍攝電影之前，已經跟很多特別的動物演員合作過其他電影，但是安表示，她非常喜歡自己的貓咪演員在進行表演時，給予她在整個攝影過程的反饋。她經紀的第一部貓咪演員電

安的分享

若是你希望自己的寵物有機會成為銀幕上的主角，那麼安建議你試著與當地的電影或影音節目製作公司取得聯繫，找到可能有興趣的動物演員訓練師，給他們你的寵物照片或影片，如果寵物有幸被製片公司選上，他們會趕快跟你聯絡。但是請記住一點，貓咪的飼主不大被允許出現在片場，除非飼主非常專精於訓練與指引寵物，不然大多數的動物演員，很容易因為他們熟悉的人類夥伴出現在身旁而分心。如果在拍片時，需要一個比較困難的表演，在正式上場前，訓練師可能會要求你將愛貓留在他們身邊一段時間，即使百般不捨，你還是必須接受。請試著相信訓練師與你的愛貓。

影，片名非常有爆點，叫做《射爆你的臉（In Your Face）》[1]，貓咪演員在其中一幕必須跳到桌子上。她的下一部貓咪演員電影是《單身貴族（Singles）》，貓咪演員必須坐在窗戶邊。雖然這樣的表演可能看起來很簡單又很自然，但在電影中卻很少安排這樣的橋段，因為拍攝現場有很多變數會對貓咪演員造成干擾，像是拍攝人員的狀態、拍攝的設備和室外環境等等。

除非客戶有要求特定的品種，不然在選角上，比起外表，安更重視貓咪內在氣質帶給人的感受。安大部分的貓咪演員都來自於收容所或救援組織，她會特別選擇個性外向的幼貓與成貓，雖然她比較中意的還是幼貓。若是有一窩小貓可以選擇，她會同時進行個性與能力的測試。測試項目包括給予玩具，看看哪隻小貓會最先進行探索，並用一些鮪魚罐頭，觀察食物對貓咪的誘惑程度，同時製造一些巨大聲響，確認小貓是否能適應這樣的環境而不會驚慌失措。小貓必須成功通過所有測試，才能被安認可為優秀的貓咪。

安還有發現到，貓咪的外在行為傾向，與他們的品種以及顏色有關。除了一般我們認知的布偶貓或波斯貓比較慵懶之外，具有獨特花樣的虎斑貓，多少比較願意回應訓練用的工具以及學習。安表示，紅色或橘色的虎斑貓以及燕尾服貓咪（黑白混搭），什麼指令都能完美達成，堪稱完貓。而白貓或玳瑁貓比較有自己的個性。古典暹羅貓（蘋果臉型的品種，不是楔型）則跟阿比西亞貓一樣優秀。

1　譯註：作者介紹的這部電影比較早期，港臺沒有引進，因此片名參考網路電影資料庫的劇情介紹做中譯，儘量符合英文In Your Face本身帶有的挑釁意味

讚美你的貓咪，讓他緊盯著目標物，並遵循你的指令。自己親手訓練出來的優秀貓咪，絕對能夠讓你引以為傲。

獨家訓練祕訣分享

安的每隻貓咪演員都會使用口令、視覺型指令、訓練棒、響片和食物獎勵來進行訓練。在訓練的過程中，每隻貓咪都會與影音劇組人員密切互動，並帶到不同的地方進行社會化訓練。每一隻貓咪演員基本上都學習過坐下、趴下、等待、站立，以及到達指定地點的課程。從基礎到進階課程都會使用響片，而蜂鳴器的聲音則是專門做為「過來」指令使用。安說，響片確實是很有價值的訓練工具，因為貓咪對人的聲音不太敏感，在做出相應的動作上往往做不到位。她還會使用雷射筆，引導貓咪到達牆邊或門上的指定地點。若是在貓咪指定等待的地方有許多誘惑

存在，安會依照情況使用腰帶等工具，讓貓咪可以長時間安穩地停留在指定的地點。

安和大多數的貓咪演員訓練師一樣，她的貓咪都是成雙成對的，所以當一隻貓咪表現出疲倦的樣子時，另一隻貓咪就可以接替上場。或是被要求作出幾個比較有難度的表演時，兩隻貓咪可以分別針對自己拿手的項目交替表演。安說，每隻貓咪都有自己特別厲害的壓箱絕活，一位優秀的貓咪演員訓練師，會注意到每一隻貓咪演員的專業，安排適合的工作，讓貓咪演員得到完美表現的機會，所以每一位合作的導演和製片人總是對她讚不絕口。

讓安印象深刻的貓咪

安在拍攝電影《看狗在說話（Homeward Bound）》時，安排了八隻貓咪演員飾演「莎喜（Sassy）」這個角色。安回憶起第一天拍攝的狀況，她當時把「莎喜」放在窗檯上，並下指令要他等待。導演茱蒂・福斯特（Jodie Foster）饒有興致地在一旁看著，因為她沒有想過貓咪是可以訓練的。直到茱蒂與八隻訓練有素的貓咪演員一起輕鬆愉快地完成電影拍攝工作後，她才相信貓咪真的是可以訓練的。

安有一隻很特別的貓咪演員，名字叫做「絨絨（Velvet）」，是一隻銀色的虎斑貓。這隻特別的貓咪是在鄰居農場的穀倉中被發現的，當時她還是一隻幼貓，在安・格登的細心培育下，成為閃亮的貓咪明星。絨絨在電影《魔鬼複製人（The 6th Day）》中，與知名演員，阿諾・史瓦辛格（Arnold Schwarzenegger）共同擔綱演出。在幾個拍攝場景的設定中，絨絨必須在樓梯的臺階上等待，讓阿諾在上樓時順手摸摸

經過一整天的操勞工作，別忘了要讓你的貓咪睡飽他的美容覺喔！

她。但是每次只要阿諾一靠近，絨絨就會使出她的得意絕招，縱身一躍跳上阿諾的肩膀。因為導演對畫面的要求，阿諾只好和絨絨來回角力了幾次，但是氣氛非常和樂融洽。最後絨絨先投降，放棄繼續纏著阿諾，乖乖讓阿諾從她身邊經過上樓。

另一隻特別的貓咪演員是「印地（Indy）」。她還有個「黏土貓」的暱稱，因為她可以接受安任意「塑造」她，設定她的姿勢，然後保持固定好的姿勢不動，直到拍攝結束。所以印地成為大多數劇組指定的熱門演員，這隻令人驚訝的貓咪演員，可以將攝影的時間省下一半以上，大大節省了劇組的拍攝成本。

　　之後，安在《神犬也瘋狂5（Air Bud V）》的電影中，也有與貓咪演員合作。但這部電影的主角是黃金獵犬，貓咪演員的角色沒有那麼重要。不過，可別以為貓咪演員的戲份不重就鬆懈了，因為貓咪實在太容易受到外在的誘惑吸引，所以安聘僱了三位全職助理與三到四名兼職助理來協助。

踏出家有明星寵物的第一步！

　　安在好萊塢動物明星人力銀行網站（HollywoodPaws.com）上有編寫專欄，這個網站成立的宗旨，是為了讓動物電影演員訓練師，能夠得到各種可以用於拍攝影音作品的寵物資訊。安會在專欄裡回答一些常見的問題，像是如何為攝影工作培訓貓咪演員？或是怎麼成為動物演員的經紀人等等。

　　如何為攝影工作培訓貓咪演員？安的回答是「加強訓練與社會化」。貓咪本身必須親人、外向，還要能夠集中注意力。他必須在劇組人員的要求下，聽從指令做出相對應的動作，這樣才有機會成為一隻優秀的貓咪演員。至於成為動物演員的經紀人則比較困難，因為需要經紀人的動物演員很少。大部分的動物演員訓練師都有自己的動物演員，這些動物演員都經過充分的培訓，可以隨時應對任何的攝影工作。當然，他們偶爾也需要向外徵求動物演員，但是一般來說，他們都會先跟其他的動物演員訓練師聯繫。

　　安偶爾會將工作需求外包給其他訓練助理，並從其他的動物演員訓練師得到支援。在與家貓一起工作的時候，她會安排兩位訓練師搭配一隻貓咪演員，除非貓咪演員只是單純做一些等待的動作，或是室內沒有什麼東西能引起貓咪演員的興趣。

在進行拍攝工作時，除非劇情需要，必須要與貓咪演員互動的人物角色以外，安不會讓任何不相干的人來摸摸貓咪演員或是跟貓咪演員說話。因為她認為，不是每隻貓咪演員都喜歡被別人撫摸，她也不希望這樣的行為成為動物演員的壓力來源。她相信，讓貓咪演員將注意力全部放在訓練師的身上時，絕對會有更好的表現。新的朋友可能會讓貓咪演員分心。

對安・格登來說，成為貓咪演員訓練師最棒的地方，莫過於將一隻沒有經過訓練與社會化的貓咪，培育成有自信，閃耀著光芒的貓咪明星的整個過程。其次是看到被貓咪演員優秀的表現，驚訝到合不攏嘴的導演、其他演員與攝影團隊的臉上表情。

先不論將愛貓培育成貓咪明星的難度，單純就訓練這件事情來說，絕對不會讓你產生食之無味的感覺。訓練的過程，遠遠比可能產生的結果更有價值，藉由訓練，你和愛貓之間會形成更強力的牽絆，這是其他任何關係都無法比擬爭搶的。

所以，你還在等什麼呢？現在就開始每天十分鐘的貓咪訓練課程吧！

附錄

貓咪也能看懂的手勢語言

務必注意，當訓練者給予訓練動物視覺指令時，每項行為課程的視覺指令都必須獨立設定與統一使用，不能隨意更換。以下示範的各種手勢，提供給訓練者在設定視覺指令時作為參考使用。這些手勢指令非常好用，因為這些手勢指令可以將貓咪的注意力引導到特定的方向上，在進行各種行為訓練的課程上，有事半功倍的效果。在進行更進階的訓練課程時，這些手勢指令可以相互組合或是替換使用。訓練者可以自由使用喜歡的手勢指令，但請記住一個原則，一種手勢指令就只能對應一種行為，絕對不能隨意變換，避免造成貓咪混淆。

這是用來下達「過來」的手勢指令。

這是用來下達「等待」的手勢指令。

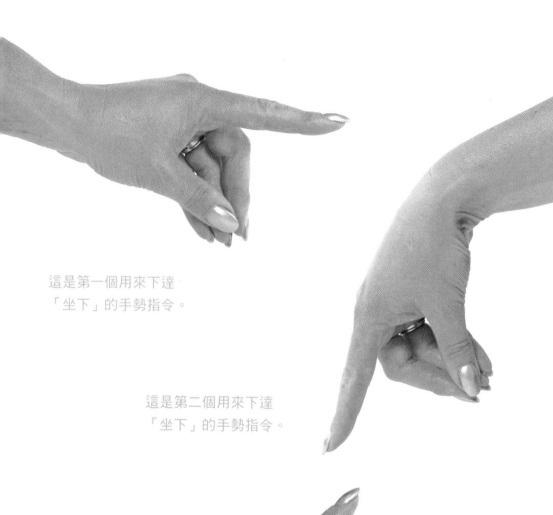

這是第一個用來下達
「坐下」的手勢指令。

這是第二個用來下達
「坐下」的手勢指令。

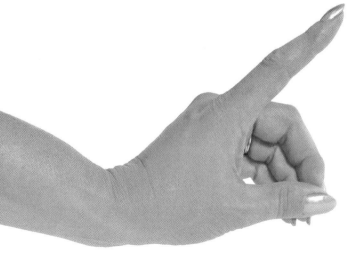

這是用來下達
「上來」的手勢指令。

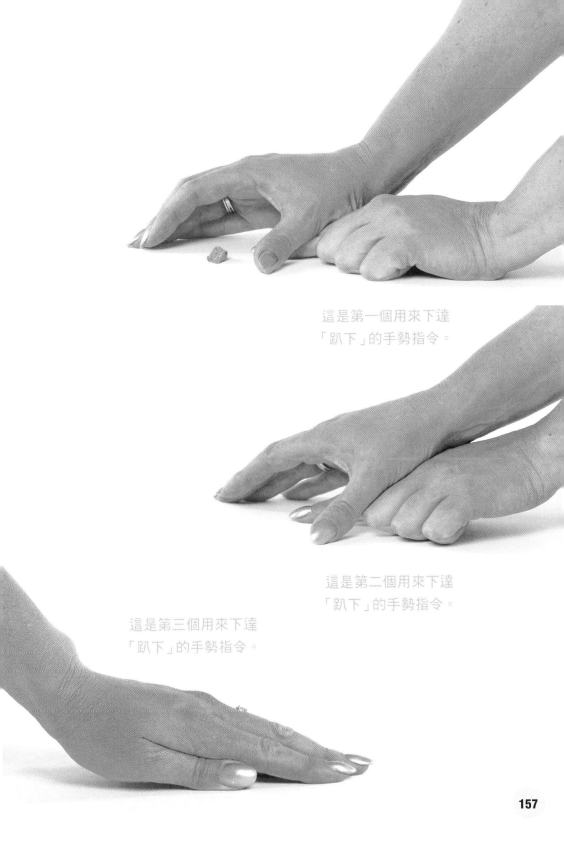

這是第一個用來下達
「趴下」的手勢指令。

這是第二個用來下達
「趴下」的手勢指令。

這是第三個用來下達
「趴下」的手勢指令。

國家圖書館出版品預行編目資料

10 分鐘貓咪訓練：一天十分鐘，從訓練愛貓行為與遊戲中得
到樂趣！/ 米立恩‧費歐德 - 拜比諾 (Miriam Fields-Babineau)
著；黑熊譯 . -- 初版 . -- 臺中市：晨星，2018.06
面；　公分 . --（寵物館；63）

譯自：Cat training in 10 minutes

ISBN 978-986-443-438-1（平裝）

1. 貓 2. 寵物飼養

437.364　　　　　　　　　　　　　　　　　107004915

寵物館 63

10 分鐘貓咪訓練：
一天十分鐘，從訓練愛貓行為與遊戲中得到樂趣！

作者	米立恩‧費歐德－拜比諾（Miriam Fields-Babineau）
譯者	黑熊
主編	李俊翰
編輯	李佳旻
美術編輯	陳柔含
封面設計	言忍巾貞工作室
創辦人	陳銘民
發行所	晨星出版有限公司
	407 台中市西屯區工業 30 路 1 號 1 樓
	TEL：04-23595820　FAX：04-23550581
	行政院新聞局局版台業字第 2500 號
法律顧問	陳思成律師
初版	西元 2018 年 6 月 1 日
總經銷	知己圖書股份有限公司
	106 台北市大安區辛亥路一段 30 號 9 樓
	TEL：02-23672044 / 23672047　FAX：02-23635741
	407 台中市西屯區工業 30 路 1 號 1 樓
	TEL：04-23595819　FAX：04-23595493
	E-mail：service@morningstar.com.tw
	網路書店 http://www.morningstar.com.tw
讀者服務專線	04-23595819#230
郵政劃撥	15060393（知己圖書股份有限公司）
印刷	啟呈印刷股份有限公司

定價350元
ISBN 978-986-443-438-1

Cat Training in 10 Minutes
Published by TFH Publications, Inc.
© 2003 TFH Publications, Inc.
All rights reserved

◆ 讀 者 回 函 卡 ◆

姓名：_____ 性別：□男 □女 生日：西元 ____／____

教育程度：□國小 □國中 □高中/職 □大學/專科 □碩士 □博士

職業：□學生 □公教人員 □企業/商業 □醫藥護理 □電子資訊
　　　□文化/媒體 □家庭主婦 □製造業 □軍警消 □農林漁牧
　　　□餐飲業 □旅遊業 □創作/作家 □自由業 □其他_____

E-mail：_____ 聯絡電話：_____

聯絡地址：□□□_____

購買書名：10分鐘貓咪訓練_____

・本書於那個通路購買？ □博客來 □誠品 □金石堂 □晨星網路書店 □其他_____

・促使您購買此書的原因？
□於_____書店尋找新知時 □親朋好友拍胸脯保證 □受文案或海報吸引
□看_____網路平台分享介紹 □翻閱_____報章雜誌時瞄到
□其他編輯萬萬想不到的過程：_____

・怎樣的書最能吸引您呢？
□封面設計 □內容主題 □文案 □價格 □贈品 □作者 □其他_____

・您喜歡的寵物題材是？
□狗狗 □貓咪 □老鼠 □兔子 □鳥類 □刺蝟 □蜜袋鼯
□貂 □魚類 □烏龜 □蛇類 □蛙類 □蜥蜴 □其他_____
□寵物行為 □寵物心理 □寵物飼養 □寵物飲食 □寵物圖鑑
□寵物醫學 □寵物小說 □寵物寫真書 □寵物圖文書 □其他_____

・請勾選您的閱讀嗜好：
□文學小說 □社科史哲 □健康醫療 □心理勵志 □商管財經 □語言學習
□休閒旅遊 □生活娛樂 □宗教命理 □親子童書 □兩性情慾 □圖文插畫
□寵物 □科普 □自然 □設計/生活雜藝 □其他_____

感謝填寫以上資料，請務必將此回函郵寄回本社，或傳真至(04)2359-7123，
您的意見是我們出版更多好書的動力！

・其他意見：

※ 填寫本回函，我們將不訂期提供您寵物相關出版及活動資訊！
　晨星出版有限公司 編輯群，感謝您！

也可以掃瞄 QRcode，
直接填寫線上回函唷！

407
台中市工業區30路1號

晨星出版有限公司
寵物館

您不能錯過的好書

完整圖解教學33個簡單卻多樣化的大腦訓練遊戲！讓你的寵物成為更快樂、更健康、更忠誠的夥伴。

解決養貓生活中100個常見煩惱！以「煩惱諮詢」的方式解答，透過「觀察」找出最適用的解決之道！

喵的勒！我家的貓怎麼這麼聰明啦！從協調能力、溝通技巧、推理能力、社會化行為，綜合分析愛貓的智商。